地球气候学
——气候系统的变动、变化和进化

〔日〕安成哲三 著

徐健青 译

科学出版社

北京

图字：01-2020-6915 号

内 容 简 介

本书把太阳系中的水行星——地球看成是一个系统并考虑到其外力的太阳辐射，阐明了地球气候及其变化是大气圈、水圈、陆圈和生物圈相互影响相互作用的结果。并对不同时空尺度的气候系统的变化及其规律进行了浅显易懂的解释，给出了对气候变化问题和亚洲气候长期变化的规律及机制的全面认识。书中涉及气候学、大气物理学、天气动力学、古气候学、地质学和地理学知识，是一本有特色的关于气候学的专业书。

本书可作为地球物理专业的教科书，也可以作为一般理科大学生的课外读物。

CHIKYU KIKOGAKU: SYSTEM TOSHITE NO KIKO NO HENDO HENKA SHINKA

Copyright © 2018 Tetsuzo Yasunari

Chinese translation rights in simplified characters arranged with UNIVERSITY OF TOKYO PRESS through Japan UNI Agency, Inc., Tokyo

审图号：GS 京（2022）0764 号

图书在版编目（CIP）数据

地球气候学：气候系统的变动、变化和进化 /（日）安成哲三著；徐健青译. —北京：科学出版社，2022.10
ISBN 978-7-03-073037-4

Ⅰ. ①地… Ⅱ. ①安… ②徐… Ⅲ. ①气候学 Ⅳ. ①P46

中国版本图书馆 CIP 数据核字（2022）第 162278 号

责任编辑：石 珺 李嘉佳 / 责任校对：韩 杨
责任印制：赵 博 / 封面设计：邢茜茜

科学出版社 出版
北京东黄城根北街 16 号
邮政编码：100717
http://www.sciencep.com
北京厚诚则铭印刷科技有限公司印刷
科学出版社发行 各地新华书店经销
*
2022 年 10 月第 一 版 开本：720×1000 B5
2024 年 4 月第三次印刷 印张：12 3/4 插页：1
字数：245 000
定价：88.00 元
（如有印装质量问题，我社负责调换）

中 文 版 序

　　拙著《地球気候学：システムとしての気候の変動・変化・進化》一书的中文版顺利出版，我深感荣幸。特别令我喜出望外的是，我的老朋友、世界著名的气候学家、南京大学的符淙斌院士为中文版撰写了序，符先生同时也是后述"季风亚洲区域集成研究"（MAIRS）国际计划的发起者和领导者。

　　由于我长期从事亚洲季风气候不同时空尺度变化的动力学研究，而中国在这一领域的研究一直非常活跃，因此我与中国气候、气象界科研人员的交流合作可以追溯到 20 世纪 80 年代。当时我刚刚取得博士学位，在京都大学东南亚研究中心担任助研，第一次合作的中国科学家是北京大学的气象学家张镡教授，张教授在 40 年前作为中日科研交流的先驱来到京都大学访问。随后我调到了筑波大学地球科学系，和著名气候学家吉野正敏教授一道，与中国科学院地理科学与资源研究所（自然资源综合考察委员会）的江爱良教授合作，就海南省、云南省和新疆维吾尔自治区的农业气候与气候变化等问题开展了合作研究。从 80 年代末开始，我参加了名古屋大学大气水圈科学研究所与中国科学院兰州冰川冻土研究所的联合研究项目，与姚檀栋院士（中国科学院青藏高原研究所）及其团队进行了青藏高原气象学和冰川学相关的合作。

　　进入 90 年代，我开始为"GEWEX 亚洲季风实验"（GAME）计划的筹备和实施四处奔走。作为"世界气候研究计划"（WCRP）旗下"全球能量与水循环实验"（GEWEX）计划的一部分，GAME 计划旨在通过联合观测、分析和模拟等手段，研究亚洲季风的变化规律与机理，同时提高对亚洲季风的预测预报水平。该计划得到了 WCRP 和 GEWEX 的高度重视，也得到了各个国家的支持，来自东亚、东南亚和南亚各国的相关研究机构和大学都加入了 GAME 计划。

　　GAME 计划于 1996 年正式启动，经过几年的筹备，1998 年在整个亚洲季风区实施了夏季季风加强观测（GAME-IOP），在中国开展了淮河流域水循环观测计划（GAME-HUBEX）和青藏高原区域观测计划（GAME-Tibet），大量来自中国、日本、韩国的科学家参加了这两个区域的联合观测和研究。GAME 计划的成功，离不开众多杰出中国科学家的支持和贡献，特别是中国科学院大气物理研究所的陶诗言院士、黄荣辉院士和石广玉院士，北京大学的赵柏林院士、国家气候中心的丁一汇院士，气象科学研究院的陈联寿院士，以及中国科学院兰州高原大气物理研究所的王介民教授等，都为 GAME 计划的成功做出了巨大贡献。

2001 年，我被任命为世界气候研究计划（WCRP）联合科学委员会（JSC）委员，我与同为执委的吴国雄院士（中国科学院大气物理研究所）一起，向 WCRP 提出了"国际季风研究计划"（International Monsoon Studies），旨在以全球合作的方式进一步揭示季风在地球气候系统中的重要作用。

进入 2000 年以后，当时还在中国科学院大气物理研究所的符淙斌院士在地球系统科学联盟（ESSP）框架下，提出并发起了"季风亚洲区域集成研究"（Monsoon Asia Integrated Regional Study，简称 MAIRS）国际计划。MAIRS 计划在 GAME 的基础上，针对人类活动对亚洲季风系统的影响问题，提出了亚洲季风跨学科综合研究的重要性。我作为 MAIRS 科学指导委员会委员，后来又荣幸作为 MAIRS 副主席，指导并参加了 MAIRS 的科研项目和活动。2016 年 MAIRS 成为国际科学理事会（ISC）"未来地球"（Future Earth）计划的核心项目之一，更名为"亚洲季风区可持续发展集成研究"（Monsoon Asia Integrated Research for Sustainability，简称 MAIRS），进一步加强了环境变化与社会经济发展关系的研究。目前，由北京大学环境科学与工程学院的朱彤院士担任 MAIRS 主席。

2012 年，在国际科学理事会（ICSU，现为 ISC）的积极推动下，全球环境变化研究的三大国际计划（国际地圈生物圈计划-IGBP，生物多样性计划-DIVERSITAS，国际全球环境变化人文因素计划-IHDP）合并为"未来地球"（Future Earth）计划，旨在加强自然和社会科学的跨学科研究，提高科学研究对全球社会持续性发展的贡献。时任 ICSU 主席、诺贝尔化学奖得主李远哲教授（中国台湾"中研院"）和 ICSU 秘书长陈德亮教授（瑞典哥德堡大学）为"未来地球"计划的设计与实施付出了大量努力和贡献。我作为"未来地球"科学委员会委员，后来又作为咨询委员会委员，为"未来地球"计划的发展尽了自己的绵薄之力。

在我的研究生涯中，与青年科学家保持密切交流始终是一件非常重要的事。2002 年我调到名古屋大学，主持了两个关于全球环境变化的科研项目，为促进中日在季风气候研究和地球环境变化研究方面的合作，特别是中青年研究人员之间的交流，我邀请了中国科学院地理科学与资源所研究水循环问题的宋献方教授、南京大学研究大气环境问题的丁爱军教授和王体健教授，以及中国科学院大气物理研究所研究季风气候问题的周天军教授等，对名古屋大学进行了短期访问，同时日方青年科学家也对中方合作单位进行了多次交流访问。

2013 年起，我担任了日本综合地球环境学研究所（RIHN）所长，该所与北京大学正式签署了学术和教育交流协议，每年都有 RIHN 的科研人员应邀到北京大学（环境科学学院）交流，我也非常高兴地访问了北京大学并给那里的师生做了讲座。该项目的北大代表是朱彤院士和张世秋教授，张教授还连续六年担任了 RIHN 的外部研究评估委员会委员（委员长），为 RIHN 的发展提出了多项积极建议。

毫不夸张地说，过去 40 多年我个人在气候学、气象学研究方面取得的成果，离不开诸多优秀中国科学家的指导、支持与帮助。因此，2018 年东京大学出版社正式出版了《地球气候学：システムとしての気候の変動・変化・進化》一书后，当我希望全世界更多的学生和青年科学家阅读它的时候，脑海中第一个闪现的就是中国。中国有大量气候学、气象学专业的学生和青年科研人员，能够与大家分享从我个人视角理解的地球气候学，我感到非常高兴。从狭义上讲，亚洲季风气候是我的专业领域，但在这本书中，我没有太深入地研究区域问题，因为我认为亚洲季风是地球气候系统的一个重要组成部分，要从全球和地球系统的角度理解亚洲气候的问题。从这样的角度来看，书中引用的论文和书籍可能相当有限。我鼓励那些未来将要从事科研的年轻人尽可能地开阔视野，以自身独立的视角看待地球气候及其变动的科学问题。

此外，本书中文版在策划、联络和协调出版的过程中，离不开我的两个中国学生艾丽坤教授（中国科学院青藏高原研究所）和张宁宁博士（中国科学院）的大力支持和帮助。众所周知，翻译是一项浩大、复杂和精细的工程，尤其是科学著作，扎实的专业功底和精准的双语能力缺一不可。本书的中文翻译由徐健青博士（日本关东学院大学）完成，她是我在日本海洋研究开发机构（JAMSTEC）时的同事，可以想象她为这本书的翻译付出了多少心血。借此机会，我向她（他）们三人表达我最深切和诚挚的谢意。

安成哲三

2022 年 9 月

推 荐 人 序

安成哲三先生是国际著名的气候学家，早年他在亚洲季风的季节内和年际变化研究方面做出了突出贡献，最近他一直致力于亚洲季风气候与全球变化的研究。作为多年与他合作的同事，我衷心祝贺安成哲三先生撰写的《地球气候学——气候系统的变动、变化和进化》中文版的出版。

气候变化的原因和机理研究是一个传统的科学问题。20 世纪 80 年代开始，全球气候变暖成为世界科学界研究的复杂科学问题。经过众多科学家的努力，6 次 IPCC 报告明确向全球发布，人类活动是近代气候变暖的主要驱动力已经是不容置疑的事实。2022 年夏季，北半球各地区出现的极端高温天气，再次证明气候变化的深远影响不是在遥不可及的未来，它已经严重影响到人们的日常生活。

如何预测和应对未来气候的变化，学界提出了作为气候变化理论基础的地球系统科学的概念，将大气圈、水圈、陆圈（岩石圈、地幔、地核）和生物圈（包括人类）看作一个有机整体，其圈层之间存在复杂的相互作用和反馈。地球系统科学理论的兴起，推动了科学家从更宏观、更广义的角度，使用地球系统观测、分析和模型等工具，系统地研究各圈层的相互作用及变化规律。

不同于目前已经出版的诸多有关气候变化的专著，安成先生在本书中以地球系统的视角，将"气候"作为连接大气圈、水圈、陆圈和生物圈的核心，从不同时间、空间尺度阐述了地球气候系统的变化规律，以及不同时间尺度上地球系统各圈层的相互作用，给出了对气候变化问题的全面认识。同时，作为著名的季风气候学家，安成先生使用大量篇幅描述了亚洲气候长期变化的规律及机制。这本著作融合了现代气候学、大气物理学、天气动力学、古气候学、地质学和地理学的知识，形成了一本有特色的"气候变化"的专业著作，可以作为大气科学及全球变化相关专业学生的参考用书和课外读本。

符淙斌

中国科学院院士

2022 年 8 月

译 者 序

　　非常荣幸有机会把安成哲三教授的著作《地球気候学：システムとしての気候の変動・変化・進化》翻译成中文，并呈现给各位尊敬的读者。

　　安成教授是我在海洋开发研究机构（JAMSTEC）工作时的领导，是位大气、敏锐而有趣的学者。这本著作是他根据自己几十年的科研经历，把对气候学、气候变化科学的独特认识与理解从地球系统的视角详细地讲述给大家。作为译者，我很享受这种一边揣摩理解他的思想，一边再创作分享给中文读者的过程，翻译这本书让我度过了一段痛并快乐着的美好时光。在此，我由衷感谢安成先生对我的信任和鼓励。

　　本书第 1 章，从地球是宇宙中众多行星之一的视点出发，讲述了地球气候系统这个概念。强调我们应从整个地球包括其时空看问题，避免陷入"不识庐山真面目，只缘身在此山中"的陷阱。同时也阐述了太阳辐射是作用于地球唯一的外力强迫，这个外力是如何作用在自转的地球上、地球又是如何把能量辐射回太空的等基础知识。

　　第 2 章，概述了我们的地球——水行星的特色，地球的三维结构和其成因以及变化。大气层的垂直分布、作用于地球的太阳辐射的南北分布、海陆分布和地形等形成了地球的气候，产生了生命圈，同时上述各因素又在相互影响和相互作用。

　　第 3 章是本书的重点，作者从自己常年从事气候气象学的知识累积中，总结出影响气候系统变化的各种因素及其特征。有些变动是周期性的有规律可循，比如厄尔尼诺现象和拉尼娜现象；而有些则是非线性非平衡性的，比如我们经常会提到的蝴蝶效应。作者也提到了太阳辐射的更长周期——米兰科维奇循环，以及地表反照率等对气候的影响，冰河期产生的原理等等。我个人认为这章非常有趣。

　　第 4 章的内容更加新颖，作者作为一名从事气候气象学 40 多年的著名学者，从地球的诞生一直讲到现代气候，一气呵成！生物圈是在地球的什么状态下产生并存在的？为什么中间会有几次生物大灭绝？这章完全没有复杂的公式，非常浅显易懂。

　　第 5 章讲的是近些年的"全球变暖"问题，这也是作者写这本书的初衷，本章简洁明了地概述了 IPCC 的数次报告，让人一目了然。同时也描述了人类对气候变化的影响和我们究竟会走向一个怎样的未来。翻译这本书刚巧陪伴我度过了新冠疫情开始的日子，带我回顾了地球的历史，让我意识到自己的渺小，并对目前这段不平凡的人类历史有了新的认知。

　　本书虽然是一本地球物理学方面的专业著作，但基于作者 40 多年的教学经验，把复杂繁琐的问题写得非常浅显易懂。书中用了大量的图，又用深入浅出的语言解释了这些图的意思，读起来令人感到拾级而上，循序渐进。如果不去深究那些公式，对理科感兴趣的高中生也能看懂。为了保证翻译的准确性，书中特意保留了一些日语与中文含义相同却不太常用的词汇，以便大家读起来更加有趣。

　　在翻译此书的过程中，中国科学院青藏高原研究所的艾丽坤教授从各个方面都给予了大力的支持和帮助，我和艾老师在 20 世纪 90 年代就在日本相识，她的日语也有一定的功底并了解安成教授的写作习惯，在如何翻译好这本书上提出了很多有益的建议。同时，科学出版社的石珺编辑也一直在提醒和鼓励我，不厌其烦地陪伴并帮助我至今。还要提一下近百岁高龄的原甘肃省气象局总工白肇烨老先生，帮助通顺了前半部分的语言。还有许多平时在微信群里随时回答我问题的老同学老朋友们。借此机会，向各位表达我最诚挚的谢意。

徐健青

2022 年 9 月

前　言

　　现如今，在各种意义上，国内外社会都深切地关注着地球气候变化。理由之一是人类活动引起的二氧化碳等温室气体的增加，导致了"全球气候变暖"，全球变暖会影响到生态系统和农业生产，所以这个问题在国际政治和经济活动领域引起了很大的争论。气候变化已经成为人类社会的一大课题。

　　另外，地球气候的空间分布和时间变动非常复杂。对于"全球气候变暖"的科学考量，联合国政府间气候变化专门委员会（IPCC）等机构虽然一直很努力，但对全球变暖的真相和机理仍然没有一个明了的解释，存在着无法确定的因素。就在这个无法确定成因的现状下，我们却不得不商讨气候变化的对策。迄今为止，关于气候变化的讨论中，不同空间尺度和时间尺度的各种现象混在一起，包括由此产生的对"全球气候变暖"的怀疑论等，这些都大大地妨碍了对地球气候变化的理解。气候及其变化不仅仅与大气和海洋，也与生物圈和板块构造等固体地球动力学的相互作用密切相关。但是在大气、海洋学的研究者之间的关于气候（包括其变化和变动）的讨论中，要么不包括固体地球这部分，要么仅仅是将其作为边界条件来使用而已。此外，大多数生物学和地质学的研究者在研讨气候（包括其变化和变动）时，会把一系列复杂且相互作用的气候动力学单纯化。

　　本书的目的是尝试着在漫长的地球历史中，对从气候变化到现在的"全球气候变暖"做一个易于理解的统一表述。书中首先概括了地球气候与各种物理、化学、生物过程的关系，把气候系统作为一个综合系统来科学对待。在此基础上，本书所述气候系统，是指在地球历史中，由地球表层的水（H_2O）形成的海洋、植物生存的陆地（陆地和岛屿）和大气圈所组成的系统开始存在于地球上的时期为基本对象。至于地球这个行星上的大气、海洋和陆地是通过怎样的时空过程形成和进化的，即所谓"形成理论"，并不是本书的主要内容，读者若对"形成理论"感兴趣的话，请参考其他的专业资料，如《東京大學地球惑星システム科學講座》（2004）。当然，关于大气、海洋及陆地的形成理论本身是非常重要的，但本书所述的地球气候，是指有人类存在并参与的生物圈，在人类活动影响下形成、进化或变化的系统，这个系统在本书中称为气候系统，该系统是本书着重讨论和论述的中心内容。我们将带着大气、海洋和陆地构成的地球表面系统是经由怎样的物理、化学和生物学条件而形成的这个疑问，在持续思考并寻找其答案的状态下，来讨论气候系统的定常状态和变动性。

关于气候系统，比其时间尺度更加重要的是对气候系统的不同结构的理解。也就是说，考虑某个要素时，根据它的时间尺度的不同，该要素可能是内变量，也可能是系统的边界条件。例如，在考虑约250万年前的新生代第四纪的气候变化时，陆地和海洋的分布可以设定为气候系统的固定的边界条件，但在考虑比250万年更久之前的古地质时代的气候变化时，陆地和海洋的分布本身就是决定气候状态的重要因素，需要作为气候系统的内变量来考虑。

根据以上的概念，本书由以下章节构成：

第1章　什么是地球气候系统

第2章　现在的地球气候系统是怎样形成的

第3章　地球气候系统的变动和变化

第4章　地球气候系统的进化

第5章　人类活动和气候系统变化的关系

第1章，主要叙述将地球整体的气候作为一个系统来考虑，并解说构成气候系统的各个基本要素。

第2章，描述现代地球气候的三维结构（垂直、南北和东西方向的结构）的成因和地球气候结构的季节变化的意义。

第3章，关于地球气候的综合性及非线性系统的变动和变化，我们描述其动力学的典型时间尺度的变动和变化，同时考察气候系统的变动和摆动的区别。

第4章，解说46亿年地球进化过程中气候形成的概观，特别是把生物圈（包括其进化）和气候系统作为在这个时间尺度上的一个共同进化的系统来理解。然后，再考察生物圈（包括人类）对地球气候的意义。

第5章，描述近年的"全球气候变暖"问题和人类对气候系统的影响，并考察人类在这个地球上生存的意义。

安成哲三

2018年4月

目　　录

中文版序

推荐人序

译者序

前言

第 1 章　什么是地球气候系统 ……………………………………………… 1

1.1　系统是分析事物的一个视角 ……………………………………… 3

1.2　地球气候系统的特征 ……………………………………………… 5

1.3　太阳辐射和地球辐射——气候系统的能量 ……………………… 8

第 2 章　现在的地球气候系统是怎样形成的 …………………………… 16

2.1　什么因素决定了地球大气垂直方向的结构 …………………… 16

2.2　地球气候的南北分布和季节性变化是怎样确定的 ………… 23

2.3　海洋陆地的分布和海洋环流的作用 ………………………… 36

2.4　大型山脉地形对大气环流和气候形成的作用 ……………… 45

2.5　大气的热源（冷源）气候学 ………………………………… 52

2.6　季风气候的形成 ……………………………………………… 56

2.7　气候与生物圈的相互作用——决定地球气候的另一个重要因素 …67

第 3 章　地球气候系统的变动和变化 …………………………………… 80

3.1　气候系统作为一个复杂系统的变动和变化的特性 ………… 80

3.2　造成全球规模气候变化的四个重要因素 …………………… 86

3.3　导致气候变化的外部力量——太阳辐射 …………………… 87

3.4　冰期-间冰期旋回之谜 ……………………………………… 89

3.5 短周期的气候变动——气候系统的摆动 ·······················101

第4章 地球气候系统的进化 ···115

4.1 地球系统进化之视点 ···115

4.2 水行星地球的诞生 ···116

4.3 太古宙和元古宙（40亿～6亿年前）的气候进化 ···········120

4.4 "雪球地球"（全球冻结）之谜 ······························124

4.5 显生宙（5.5亿年前至今）的气候变化 ······················131

4.6 新生代古近纪和新近纪的气候——走向寒冷化的地球·········139

第5章 人类活动和气候系统变化的关系 ····························143

5.1 人类活动是如何影响全球气候的 ······························143

5.2 不久的将来（从现在至未来100年）的气候变化的预测 ·····155

5.3 如何理解人类世 ···160

5.4 气候的中期未来（未来 10^3～10^5 年）的预想 ·············163

5.5 遥远的未来（100万年后）的地球气候——水行星和生物圈的
未来 ···167

参考文献 ···173

后记 ···185

彩插

第1章 什么是地球气候系统

人类生存与地球气候息息相关，但在人类历史上从来没有一个时代的气候变化获得如此广泛地关注。二氧化碳（CO_2）等温室气体的增加导致"全球气候变暖"，或者说其被认为导致了"全球气候变暖"，这个问题现在不仅是科学层面的问题，还成为政治和经济层面的问题，并且引起了全球不同阶层人士的关心。联合国政府间气候变化专门委员会（Intergovernmental Panel on Climate Change，IPCC）召集各国研究气候变化和其影响有关的科学家，他们和政府的政策决策者们聚集一堂，定期讨论由人类活动引起的"全球气候变暖"以及对策。

当看到过去 100 多年大气中 CO_2 浓度增加的示意图和全球平均气温增加的示意图（图 1-1）时，我们不仅可推测出气温的升高由温室气体的逐步增加而引起，也可从这两个图中读出气候状态的复杂性。CO_2 浓度以线性趋势增加，而且近年来其增加的程度越来越大，而气温变化虽然也具有增加趋势，但在某些时期有降低趋势，（在时间上）气温的增加趋势与 CO_2 的增加趋势并非能够一一对应。我们会有如下直观感受：①各个观测事实是否都正确？②地球气候的变化非常复杂，气温变化除温室气体增加外，是不是还有其他各种因素的影响？对于②的认识尤其重要。鉴于地球气候系统是一个由大气、海洋、陆地、生物圈等各种重要因素组成的且非线性相互影响、相互作用的系统，因此有必要把地球气候作为一个整体来研究。

首先，我们有必要区分一下气候（climate）和天气（weather）。天气是我们每天记录的气温、湿度、辐射条件、风、降水现象等物理量。天气随着时间和地点时时刻刻都在变化，其每天的变化是在一定时间内的平均值，如夏季 3 个月的平均值，代表着某地某年夏天的气候，所以气候所表现的是前面所说的物理量的季节平均或年平均在地球上的地理分布和时间（季节或年）的函数。实际上，这些物理量相互之间并非独立，它们之间的影响和相互作用形式决定了气候。例如，现实中高温气候，可以是湿度高且多雨的湿润气候，也可以是干燥少雨的干燥气候。

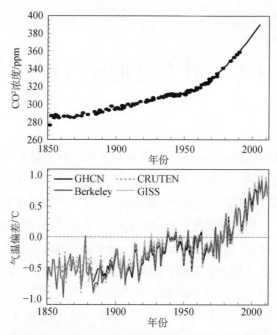

图1-1　19世纪中后期到21世纪初的CO_2浓度变化（上）和全球平均气温变化（下）

气温变化中不同线条表示由不同的研究机构提供的数据（IPCC，2013）；1ppm=10^{-6}

　　决定气候形成的根本因素是太阳辐射。到达地球表面的太阳辐射量根据关注点的纬度和季节的不同而变化。地球表面海陆分布和地形等各种地面状态对从太阳到达地表的太阳辐射的吸收与反射也有影响。地表由于获得（吸收）或失去（反射）太阳能而被加热或冷却，最终根据能量平衡产生不同的地理和季节性分布。这种地表热量平衡的不同导致了地表大气的温度（气温）的地理和季节性差异。气温在地球表面的空间差异和季节性变化引起了大气运动（大气环流，即我们感受到的风），大气运动又将热和动量在地球表面进行再次分配。同样，海面上的能量收支平衡的不同产生了海水温度的差异，引起了海洋的运动（洋流或组成洋流的海流），同样起到将热量和动量在全球范围内传输和分配的作用。也就是说，大气和海洋的流动可以在空间上调整地球获得的太阳辐射，改变最初太阳辐射到达地球表面时的温度分布，这是一个反馈的过程。

　　我们所说的气候，是指经过大气、海洋系统中的热量和运动量的输送与再分配过程，在季节和地域的时空尺度中，到达准定常平衡状态时的气温、湿度和降水量的分布。把太阳辐射到达地表的能量和地球表层状态等各要素整体作为一个系统来考虑时，热量和运动量的（准定常）状态即可以认为是气候，这是其为"气候系统"的理由。

某个季节、地区或全球的气候变化受太阳辐射、大气成分、地表状态等影响，由地表能量平衡决定，当然也在不同的时间尺度上相互影响发生变化。在构成大气圈和地球表层的各要素中，根据时间尺度的不同，导致气候变动和变化的最有影响的要素也不同。对于我们将在下一节讲述的气候系统的构成要素，它根据气候变动和变化的时间尺度不同而不同。

本书的主题是把与地球气候有关的地球的大气圈、水圈，包含地圈（译者注：或称岩石圈）、植被和海洋生态系统的生物圈看成一个系统，更加广义地理解地球气候的持续变化。特别是，在研究大气中的物理和化学变化的气候环境条件时，生物圈经常被严格假定保持不变，但事实上，气候和气候变化又在某种程度上作用于其中（参看第 2、第 4、第 5 章）。对地球气候和生物圈的相互作用的理解是本书的目的之一。

1.1 系统是分析事物的一个视角

要论述气候系统，首先要搞清楚"什么是系统"，"系统"一词被任意频繁地使用，"系统化"主要应用在物理、化学或数学领域里，其可以理解为"有相互作用的各要素的结合"（冯·贝塔朗菲，1973）。那么我们会问，"为什么要结合在一起？或者有结合在一起才能理解的必要吗？"这种结合在一起的一个整体，绝对不仅仅是各种要素的总和，而是有更深一层的意思。我们一旦看到"系统"这个词，立刻会想到这个系统的机能或目的是什么，而当我们看见一堆某种特定的物质时，我们并不会想到要称其为系统。从这里，我们能够看出系统所定义的某种意义。也就是说，系统是"看待事物的视角"（温伯格，1979），构造一个系统的重要意义在于它的可选择性（永井俊哉，http://www.nagaitosiya.com/ja/systems.html）。当提到系统是看待事物的视角时，经常会用图 1-2 做例子，这是一幅心理学上常用的画。同样的画，有的人看到的是一位鹰钩鼻的老太太，有的人看到的是一位年轻贵妇人的后侧面。

当我们单纯地说"气候"和"气候系统"时，我们脑子里已经有了不同的想象。前面已经说过，气候是指表示天气状态的气温、湿度等天气要素的季节平均值或年平均值等在地球上的空间分布。其年变动和长期变化被称为气候变动（climate variation）或气候变化（climate change）。

图 1-2 系统是分析事物的视角（温伯格，1979）

提到气候系统，很多教科书里会有图 1-3 这个概念图，这张图中给出了与气候的维持和变动（变化）有关的所有可能的包含了地球表层的物理、化学、生物学的各种过程。

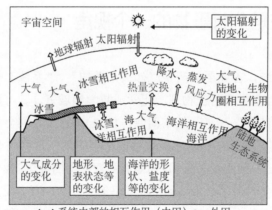

图 1-3 气候系统的概念图（U.S. Committee for the Global
Atmosphere Research Program，1975）

然而，在同样的地球表层的大气圈、水圈、地圈状态下，根据我们所关心的时间尺度、空间尺度或现象的不同，这个系统会成为考虑了不同要素的系统，这是这个气候系统包含的意义，需要特别留意它究竟在说考虑了什么要素的气候系统。即便是同样的气候系统，我们所关心的气候和其变动的时间或空间尺度不同，图 1-3 中需要注意的要素也不同，所以图 1-3 和图 1-2 一样，视角不同看到的图也不同。

那么，图 1-3 中所显示的气候系统，又有什么样的基本特性呢？如果预先不理解系统的特性，这个讨论无法进行下去。首先，气候系统的范围包括地球表层的大气圈、水圈和固体地球（地圈）表层的一部分。如果是说地球整体的话，其经常会被称为地球系统，这时要注意的是地球系统中包含了地球内部的地幔、地核和地球外部的电离层、磁层。气候系统不包含地球内部，这是因为我们已经假设了地球内部不直接影响气候系统，所以其不属于气候系统的考虑要素。那么，气候系统中的地圈表层要考虑到什么范围？这个根据各种情况不同考虑范围也会发生变化。例如，在第 4 章中所描述的数亿年时间尺度的地球系统中包含了地球碳素循环，地壳和地幔上层的板块运动部分也应该在气候系统中予以考虑，而当我们考虑气候的年变动或最长不过 10 万年时间尺度的冰川期的变动时，我们可以用图 1-3 所示范围内的气候系统，这也是一般的气象学和气候学主要涉及的时间尺度范围。假设我们要考虑 1 亿年时间尺度以上的气候变化，图 1-3 中黑框中所示的几种变化就会由气候系统的外因转换成气候系统的内因（参看第 4 章）。

1.2　地球气候系统的特征

1.2.1　能量开放系统和物质封闭系统

为了使气候系统具备系统的特征，赋予它的基本特性是能量的输入和输出。气候系统的能量输入是太阳能，输出是从地球向宇宙空间释放的红外辐射能，这是一个能量平衡的开放系统。另外，在质量平衡方面，系统的质量基本上只在系统内循环保持质量守恒。构成大气圈、水圈的氮、碳、氧、氢元素，或者氧和氢结合的水作为系统的条件在系统中是守恒的。

然而，当地球的物质守恒被一点点地破坏，其结果是能量平衡也逐渐崩溃。这就是人类活动引起的"全球气候变暖"。人类把迄今为止埋藏在地壳里的石油、煤炭等的碳元素以 CO_2 的形式逐渐向大气层里输入，而 CO_2 的增加会吸收本应释放到宇宙空间的红外辐射，也就是强化了大气的"温室效应"，使得地表的大气温度升高。另外，农业和畜牧业等人类活动导致地表土壤裸露或沙尘飞扬，增加了地表的反照率（译者注：土壤地表对太阳辐射的反射大约比植物地表大 10%～15%），从而减少了输入地球表面的太阳辐射能。分析这样的气候变化时，在气候系统中需要考虑人类活动对大气圈和地表的影响（将会在本书第 5 章中详细解说）。

1.2.2 作为水行星的地球特性

我们从气候系统的概念图可以看出，云、地面蒸发、大气成分中的水蒸气、冰、雪、海洋等大部分要素和其过程都与水和水的相变化（液体水、冰雪、水蒸气）有关，所以说地球是水行星。作用在气候系统上的外力的太阳辐射能量抵达地球后由于水的存在，水和水的相变参与并极大地控制和改变了这个能量的输送与输送方向等过程。某种原因（如温室效应引起了向下的大气辐射能的增加）引起了海洋表面蒸发量的增加，继而大气中的水蒸气增加，作为温室气体的水蒸气会更加强化温室效应，使地表温度进一步升高，但是水蒸气的增加也会引起云量的增加，以及南北两极地区海冰和积雪的增加，如果这样的话，其会反射掉更多的进入大气圈的太阳能，使得地表温度降低。因此，水和其相变的水循环过程能够增强（减弱）系统的外力，调整系统内部的机能，具有正（负）反馈作用，水和水的相变具有决定气候系统的维持和变化的各种特征的重要机能。

在我们看来，三相状态（液体水、冰雪、水蒸气）的水理所当然地根据时间和地点的不同存在于我们居住的地球上，但与太阳系的其他行星比较，这种三相状态的存在并不是理所当然的。图 1-4 是离地球最近的金星和火星在目前的条件下的水的存在状态图。水的状态图显示了水在其所处的温度和压力的条件下所具有的水的三相的状态。图中的虚线是水的三相的边界线。离太阳近的水星、金星、火星被称为地球型行星（或称类地行星），其大小和质量与地球差别不大，其大气成分原本主要是 CO_2，在太阳系中的起源和进化过程与地球类似。水也是这类地球型行星共同具有的物质。

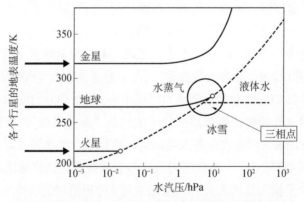

图 1-4　利用水的三相状态图说明地球型行星的进化和
强烈的温室效应（假说）（日本气象学会，1980）

　　然而，每个行星与太阳之间的距离和其本身质量都有微小差异。离太阳近的金星的表面温度比其辐射平衡温度（参看 1.3 节）还要高，这使得原本在金星上的水只能是水蒸气状态，其大气层中大量的 CO_2 和水蒸气引起强烈的温室效应，使得金星表面温度的正的反馈作用增强，水蒸气被太阳的紫外线分解，脱离金星大气进入宇宙，所以分子量比较轻的 H_2O 已经不存在于金星大气中了。另外，火星比地球离太阳远，火星表面的水只能以固相存在。火星的质量只有地球的十分之一，分子量比较轻的水分子很容易脱离火星大气消失在宇宙空间里。

　　图 1-4 中所示的地球，由于和太阳之间的距离使其表面温度适当，加上在合适的大气压（与地球的质量，也就是重力有关）和水汽压的条件下，地球表面温度正好存在于水蒸气、液体水、冰雪可以同时存在的水的三相点附近，这决定了地球成了现在的水行星。地球上存在着大面积的液态水（海洋），可以吸收大气中的大量的 CO_2，从而避免发生在金星上那样的强烈温室效应。另外，地球表面存在的液态水的安定状态，是能够存在生命圈不可缺少的条件，满足这个条件的区域被称为适居区。目前在太阳系中存在着适居区的星球只有地球。关于地球表层水的存在条件，我们将在第 4 章中详细叙述。

1.2.3　根据时间尺度变化的气候系统

　　图 1-3 中所示的气候系统的概念图，从大的区分来看，气候系统由系统的外因（外力、没有相互作用的要素或边界条件）和系统的内因构成，内因包含了由各个构成要素之间的相互作用而引起的状态量（气温、气压、水汽量等）的变化，这种变化也包含了它们之间的某种反馈机能所引起的变化。

　　关于气候的年变动，我们可以认为海洋、陆地和山脉等的地形分布是系统的外因，云和冰雪（海冰、积雪）的分布是内因。如前文所述，什么是外因，什么是内因，这取决于气候系统所讨论的气候变动（变化）的时间尺度。

　　为了理解气候的年变动条件下的气候系统，不仅是海洋、陆地和山脉等的地形分布，植被的分布也往往被认为是外因，而且大气成分（N_2、O_2、CO_2 等）也被假定恒定无变化。

　　利用气候系统考虑比较长期的变化时，如 10～100 年时间尺度的变化，在系统内部应该考虑到植被分布的反馈效果，其是内因。人类活动引起的 CO_2 浓度增加，如果把人类活动看成外因的话，那么原本作为系统外因考虑的大气成分的这一部分，在这里可以理解为系统外部受到了强制性的变化（人类活动）。

如果是考虑更加长期的变化，如 1 万～10 万年周期尺度的冰期、间冰期的周期变化，南极、格陵兰岛的冰盖、洋流也成了气候系统的内因。

在考虑比 1000 万～1 亿年还要长的时间尺度的气候变化时，就需要把海洋和陆地的分布、山脉地形的变化作为外因来考虑，或者作为与气候有反馈效果的内因来考虑。

用系列方程式记述某个时间尺度的气候变动和变化时，哪些是气候系统的外因（公式的边界条件和外部参数）？哪些是内因（公式的说明、变量之间的关系）？搞清楚这些问题很重要。图 1-3 的概念图的构成要素里，同样的要素，有时是外因，有时又会是内因。因此，在看整个系统时，首先区分外因和内因，然后再搞清它们之间有什么样的联系，这就是"系统是分析事物的视角"的含义。

1.3 太阳辐射和地球辐射——气候系统的能量

这节我们论述地球的气候系统的平均状态（平衡状态）是如何确定的。作为系统状态的基本物理量的温度是由输入（外力）的太阳辐射和地球输出的红外辐射之间的能量平衡决定的。

1.3.1 辐射定律

来自太阳的能量和从地球辐射出去的能量都是由物体温度的变化决定的辐射出去的电磁波能量。物体（物质）辐射的电磁波能量，遵从黑体（black body）辐射的普朗克定律。黑体是指能够完全吸收和辐射所有电磁波的理想物体，太阳和地球从宏观上讲可近似地认为是黑体。根据普朗克定律，温度为 T 的黑体在电磁波波长为 λ 时的辐射强度 $B(\lambda,T)$ 表述如式（1-1）所示：

$$B(\lambda,T) = \frac{2hc^2}{\lambda^5} \frac{1}{e^{hc/\lambda kT} - 1} \tag{1-1}$$

式中，h 和 k 分别为普朗克常数和玻尔兹曼常数；c 为光速。

式（1-1）看上去很复杂，其实只需要代入物体的温度 T 和每个电磁波的波长 λ（有时会是振动频率 ν 的倒数），我们就能算出相对应的波长的辐射能量。例如，当物体的温度分别是 200K、250K、300K 时的辐射能量的分布（这种分布被称为能量谱分布）如图 1-5 所示。由图 1-5 可知，温度不同黑体辐射的能量谱也不同，其能量谱中的波长的极大值也不同，温度越高所对应的极大波长的辐射能量越大，而且其极大波长（λ_{max}）逐渐向短波方向偏移。这个特征可以表述为 $\lambda_{max} \cdot T = \text{const}$（译者注：const 即常数），这就是维恩位移定律（Wien's displacement law）。

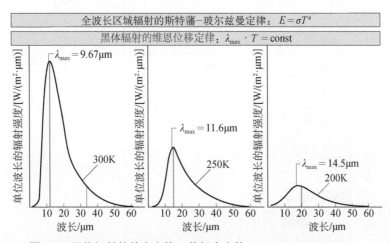

图 1-5　黑体辐射的基本定律（普朗克定律）（Gedzelman，1980）

另外，根据普朗克定律，将辐射能量的全部波长区域积分（图 1-5 中辐射曲线下所包含的面积），就能得到物体在某个温度时所对应的全辐射能量公式，即

$$E = \sigma T^4 \tag{1-2}$$

这就是全辐射能量与（绝对）温度的 4 次幂成正比的简单公式。该公式即斯特藩-玻尔兹曼定律，σ 是斯特藩-玻尔兹曼常数。

1.3.2　太阳辐射与地球辐射的区别

如图 1-6 所示，波长不同电磁波的物理特征也不同，对人类和生物的影响也不同，所以其被赋予了不同的名称。例如，因为人类能看到 $0.8 \times 10^{-6} \sim 0.4 \times 10^{-6}$m 附近的电磁波，所以这个波长区域被称为可视光（也称可见光），比可视光短一点的 $10^{-8} \sim 10^{-7}$m 的波长区域是紫外线，而比可视光稍长的 $10^{-6} \sim 10^{-4}$m 的波长区域被称为红外线。根据维恩位移定律，如果物体的温度相差很大，辐射波长的极大值也会相差很大，也就意味着辐射着不同种类的电磁波。

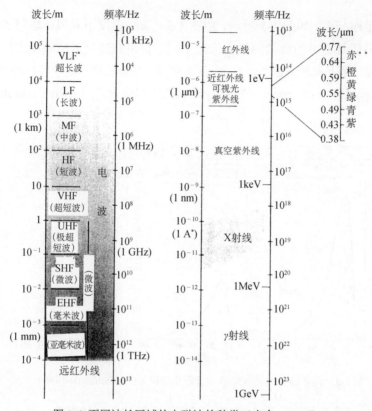

图1-6 不同波长区域的电磁波的种类（小仓，1999）

*电波周波数区域的英文标识来自国际电信联盟《无线电规则》

**可视光的界限和各种颜色之间的边界划分有个人差异

如图1-7（a）所示，可视光是来自温度大约为6000K的太阳表面辐射的电磁波，其大部分能量集中在0.4～0.8μm的光谱区域，是人类和地球上其他动物的眼睛能够看到的波长区域。这个波长区域又是植物光合作用最有效的区域，所以说在生物生存的历史长河中，来自太阳的能量是地球生命之源。另外，地球辐射的红外辐射如图1-7（b）所示，地球表面和大气圈物质的温度在（270±50）K，这个温度区域的辐射能量全部都在红外线领域内。人的眼睛看不到红外线，在没有阳光的散射和反射的夜晚，如果没有人工光源，人类将生活在黑暗的世界里，但地球上所有物体都以其温度的4次幂的比例辐射出红外辐射能。红外相机能够感应到物体之间微小的温度差别，并生成可视化图像。

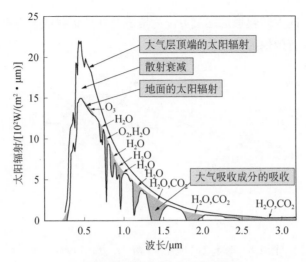

（a）太阳辐射光谱（从大气层顶端到地面）

大气散射和大气成分中的吸收物质（O_3、H_2O、CO_2 等）的吸收减少了抵达地面的太阳辐射能

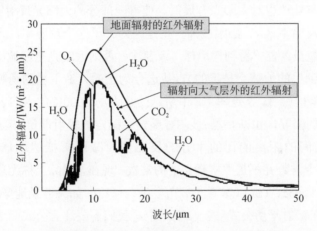

（b）地球辐射的红外辐射（从地面的辐射和从大气层顶的辐射）

与地面温度相应的红外辐射通过大气层时由于大气中的温室气体（H_2O、CO_2 等）的吸收，
减少了向大气层外的红外辐射（参看 1.3.4 节）

图 1-7　太阳辐射光谱与地球辐射的红外辐射

1.3.3　辐射平衡温度（有效辐射温度）

地球表面的平均温度，由从太阳辐射到地面的太阳辐射能与从地面辐射出去抵达宇宙空间的红外辐射能两者之间的平衡决定，如图 1-8 和式（1-3）所示。

$$(1-A)\pi R^2 \times S = 4\pi R^2 \times \varepsilon\sigma T_e^4 \qquad (1-3)$$

式中，A 为地表反照率（对可视光的反照率）；R 为地球的半径；S 为太阳常数（单位时间单位面积的太阳辐射的强度）；ε 为地表对红外辐射的发射率；T_e 为辐射平衡温度（或叫作有效辐射温度）。

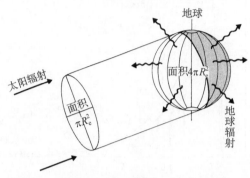

图 1-8 地球气候的辐射平衡（小仓，1999）

从整个地球来考虑，地球表面常年存在着对可视光的反照率比较大的云和冰雪，加之海洋和陆地也对太阳光有反射，使得一部分的太阳光反射回宇宙空间，这部分的平均反照率（A）必须减掉。正是因为有了这个反照率，人造卫星或宇宙飞船上的宇航员才能"看到"地球（译者注：否则太阳光全部被地球吸收，从宇宙空间"看到"的地球会是黑的）。从迄今为止的人造卫星的观测数据来看，地球的 A 大约等于 0.3。S 是图 1-8 中所示的从大约 6000K 的太阳表面辐射抵达地球时的能量的强度，由斯特藩-玻尔兹曼定律确定的辐射能量，随着太阳半径/太阳与地球之间的距离的比的平方的反比例而减弱，抵达地球时 S 大约是 1360W/m^2。这个常数并不是严格意义上的常数，现在，国际上称为总太阳辐照度（total solar irradiance，TSI）（参看 3.3 节）。$0 < \varepsilon < 1.0$，如果假设地球表面是黑体，那么 $\varepsilon=1.0$。在辐射平衡公式 [式（1-3）] 中，我们需要注意公式两边的能量虽然相同，左边是太阳辐射的大部分能量的可见光，右边是地球辐射的红外线辐射能量（看不见），辐射能量的性质不一样。

那么我们可以根据 $T_e=[(1-A)S/4\varepsilon\sigma]^{1/4}$，$\varepsilon=1.0$，求得 T_e 大约是 255K。这个温度是将全地球表面的地圈、大气层、水圈看成一个整体时的气候系统的平均温度，这个温度类似于考虑了空气质量分布的权重后的大气层整体的平均温度，它与高出地面 5km 附近的对流层中部的年平均温度接近，这说明包含整个大气层的地球表层系统近似一个黑体。然而，我们都知道地面附近全球年平均气温是 288K（15℃），远远高出 255K。为了说明这个大气层温度和地面温度的差异，我们将要叙述考虑温室效应的必要性。

1.3.4　温室效应

如图 1-9 所示，没有大气层的行星和有大气层的行星（如地球）的辐射平衡不同。地球拥有大气层，而且地球的大气层能够让太阳辐射透过（至少是一部分）并抵达地面，图 1-9 是太阳辐射和从地球辐射出的红外辐射的平衡与没有大气层的行星的辐射平衡的区别。前一节中所讲述的辐射平衡温度（T_e）是图 1-9（a）的辐射平衡温度，也就是当辐射到地面的太阳能（I_E）与地面向外辐射的红外辐射能量（σT_e^4）达到平衡时的地表温度。如果有了大气层，大气中的某些成分（如果是地球的话，则是 CO_2、H_2O、CH_4 等微量成分）会吸收从地表辐射出的红外辐射能量，如图 1-9（b）所示，大气吸收掉一部分来自地表的红外辐射能量，辐射出与大气温度成比例的向上的红外辐射（向宇宙辐射）和向下的红外辐射（向地面辐射）。也就是说，地表不仅仅吸收来自太阳的辐射能量，也吸收来自大气的红外辐射能量，这就是为什么地表温度会高于辐射平衡温度（T_e）。现在我们理想地假设大气不吸收太阳辐射，大气层和地表对红外辐射又是黑体的话，有大气层时的能量平衡可表述为式（1-4）：

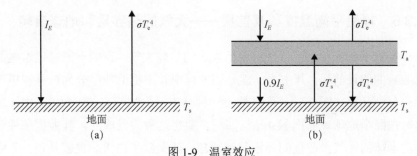

图 1-9　温室效应

$$(1-A)\frac{S}{4} + \sigma T_a^4 = \sigma T_s^4 \tag{1-4}$$

式中，T_a 为大气层的平均温度；T_s 为地面温度。大气层本身的红外辐射能量平衡公式为

$$\sigma T_s^4 = 2\sigma T_a^4 \tag{1-5}$$

式（1-4）和式（1-5）联立方程式，其解为

$$T_a = \left\{(1-A)\frac{4\varepsilon\sigma}{S}\right\}^{1/4} \equiv T_e \tag{1-6}$$

$$T_s = 2^{1/4} T_e$$

可以看出，T_s 比 T_e 高出 $2^{1/4} \sim 1.2$ 倍，大气层的温度是辐射平衡温度，这就是大

气的温室效应。从以上结果我们可以看出，地表的能量平衡温度高于大气的能量平衡温度。

如果一定要用式（1-3）来解释温室效应的话，可以将大气层和地面合在一起（在这里称为大气地面系统）看成"地面系统"，并且这个地面系统不是黑体，而是灰体（即 ε 小于 1.0 的物体），这样也能得到大气地面系统的辐射平衡温度。在这里，如果我们假设灰体的发射率（ε）大约是 0.6，就能得到 $T_e = 288\text{K}$，等于将红外辐射能量的一部分划入大气地面系统，加热地面附近的大气。

现在，众所周知人类活动增加了温室气体，造成了"全球气候变暖"，实际上是温室气体使得大气层向下辐射的红外辐射的能量增加，从而引起地面附近的气温升高。另外，人类活动也对大气地面系统的辐射平衡产生影响，如被称为气溶胶的大气中粉尘的增加。粉尘增加会使得大气层对太阳辐射的反射能力增强[也就是说，反照率（A）变大]，这样实际上是减弱了抵达地面的太阳辐射，因此粉尘增加有可能引起地面附近气温的降低。人类活动对大气地面系统的辐射平衡的影响，我们将在第 5 章详述。

1.3.5 辐射平衡温度和其前提——大气的热容量和地球自转

对于辐射平衡方程[式（1-3）]中所表述的地球大气，我们不能忘记这里面有几个隐藏着的假设前提。其中之一就是该方程中并不将地球区分为白昼和黑夜两个半球来分别计算（图 1-8），而是假设一种昼夜平均的状态[式（1-3）中计算地球辐射时按照全地球球面面积 $4\pi R^2$ 计算]。要想这种假设成立，其前提条件是白天变暖的半球的大气，在夜间还没得到冷却，就又到了白天。也就是说，它隐含地假设了地球大气的热容量足够大，能够忽视由地球自转带来的夜间的冷却量，这是使用该方程时应该注意的一个前提。

再让我们与其他行星比较分析一下这个前提，就会明白这个前提中的不明确的部分。对于行星的大气层，根据其大气辐射程度的不同冷却程度也不同。表 1-1 是各个行星大气的辐射过程的缓和时间（松田，2000），即用行星大气所具有的热能（也就是大气的热容量）除以所吸收的能量（等于行星大气放出辐射自身冷却的量）表示，行星的 1 天的时间长度（自转速度的倒数）和它们的比值（也就是在那个星球上的大气层冷却所需要的大约天数）。例如，金星的缓和时间大约 2 万（地球）日，其一天的长度大约是 240（地球）日，比值约为 100，这个数字跟地球大致相同，在同样数量级以内，而火星上是 3 日/1～3 日。木星和土星上

是比值 10^4，比金星和地球大 2 个数量级。这就是说，金星和地球的辐射缓和时间长，其昼夜变化由于大气层热能变化而产生的温度变化和大气循环的变化几乎没必要考虑，而在火星上必须考虑昼夜变化。众所周知，火星上昼夜变化的温度差所引起的火星大气层的热潮汐非常巨大。另外，在木星型的行星上，辐射过程对大气循环（分布）的影响，几乎不用考虑。

表 1-1 行星大气的热能、辐射缓和时间，标准风速，自转速度的比较（松田，2000）

行星	大气质量 /（kg/m²）	吸收的能量 /[J/（m²·s）]	热能 /（J/m²）	热能/吸收能量 /地球日	标准风速 /（m/s）	行星的自转速度/（m/s）	标准风速/行星的自转速度
金星	1.0×10^6	1.4×10^2	2.8×10^{11}	2×10^4	1	1.8	0.6
地球	1.0×10^4	2.4×10^2	2.7×10^9	1×10^2	30	4.6×10^2	0.07
火星	2.0×10^2	1.2×10^2	2.8×10^7	3	30	2.4×10^2	0.1
木星	(3.0×10^3)	1.3×10^1	4.1×10^9	4×10^3	50	1.3×10^4	0.004
土星	(1.1×10^4)	4.6	1.1×10^{10}	3×10^4	250	9.8×10^3	0.025
天王星	(1.2×10^4)	6.9×10^{-1}	6.8×10^9	1×10^5	100	2.8×10^3	0.036
海王星	(9.2×10^3)	6.9×10^{-1}	5.4×10^9	1×10^5	150	2.3×10^3	0.065

大气质量=M
吸收的能量=$(1-A)S/4$
热能=C_pMT_e
辐射缓和时间=热能/吸收的能量

一个行星日的时间长度
金星： ～243 日
地球： 1 日
火星： ～1 日
木星： 10hrs
土星： 10hrs

第 2 章　现在的地球气候系统是怎样形成的

越往纬度高的地方走越冷，越往纬度低的地方走越热。从地面到十多公里的高空，气温随着高度增加越来越低。赤道附近雨水多，大陆的内陆和西部区域分布着广阔的沙漠和干燥气候的地带。我们都知道日本地处中纬度，气候季节性变化大，夏天多雨。这些地球平均的气候状态，是由什么决定的？现在，为了要搞清楚气候异常和全球变暖，我们首先要理解维持这种地球气候的结构，这一问题近年显得愈发重要。在本章中，我们来考察一下我们现在居住的地球的气候是怎么形成的。

2.1　什么因素决定了地球大气垂直方向的结构

2.1.1　太阳能与大气–地面系统的热量平衡

地球大气和地面相互作用的能量平衡，可以非常简单地用图 1-9（b）来说明，图 1-9（b）中也包含了大气辐射走向的温室效应，现实中的大气和地面的相互作用，要复杂一些。图 2-1 给出了整个大气和地面的太阳辐射能、大气、地面的热量和辐射能量的走向。辐射进入这个系统的太阳能总量的年平均值为 342W/m^2，在这里，我们假定这个能量 100%进入大气和地表，看看能量如何被分配和变换。首先，入射能量的约 30%被云、大气中的气溶胶和地表反射掉，不参与大气地表系统的加热过程。其次，剩下的 70%中，大约 20%直接被大气吸收，主要是被大气上层的紫外线吸收。最终，大约 50%的入射能量被地表吸收，通过被加热后的地表，再加热大气，在这里，我们要注意的是，被地球的大气地表系统吸收的 50%的能量中，有 30%通过大气乱流与对流以感热和潜热（蒸散发）的形式由地面输送进入大气。后面我们还会详细叙述到，这表明在地球的大气地表系统中，大气最下层的对流层最活跃，通过大气湍流对流场维持着这个系统。所以平时我们看到很多教科书一开始都理所当然地讲述着大气最下层的对流层，其实讲清楚这个对流层存在的条件才是最重要的。地表大约 20%的能量通过长波辐射进入大气，这个能量是由依存于地面温度的向上的长波辐射能和大气向下的长波辐射能之差决定的。大气向下的长波辐射能主要由云量和 CO_2、H_2O、CH_4 等温室气体决定。约 70%的长波辐射从大气层顶辐射返回宇宙。

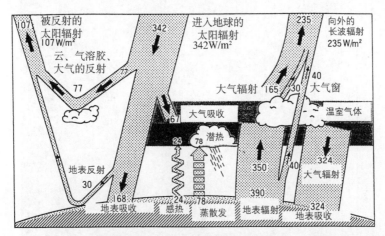

图 2-1　地球的长波辐射和辐射平衡（IPCC 报告书，1995，日本气象厅译）

（译者注：图中数字单位为 W/m^2）

从图 2-1 中我们还能看到，云在地球大气–地表系统的能量平衡中发挥着重要的作用。对太阳辐射的反射、长波辐射、有蒸散发过程参与的降水（水循环），出现了什么样的云（云的种类和云量），如何变化的云，这些情况都会对能量平衡的变化产生巨大的影响。

2.1.2　大气温度的垂直分布是怎样确立的？

地球大气的垂直构造是怎么来的？图 2-2 是全球大气平均温度、平均分子量、臭氧分子数、电子密度随高度的分布和各个大气层的关系。由气温随着高度的变化来看，大气被定义为 4 个层。从最下面到高度 11km 附近，气温随着高度升高而降低，这层被称为对流层；从对流层层顶到高度 50km 附近，气温随着高度升高而上升，这层叫作平流层；从平流层上面开始到 80km 附近，气温再度随高度升高而降低的是中间层；中间层往上，气温又一次随着高度升高而上升，这层叫作热层。层与层之间的交界处被定义为气温的极小区域、极大区域或随高度变化的曲面。地球气温随高度变化的构造非常复杂，而金星从其表面到 100km 上空只是单调降低（松田，2000），与地球完全不同。

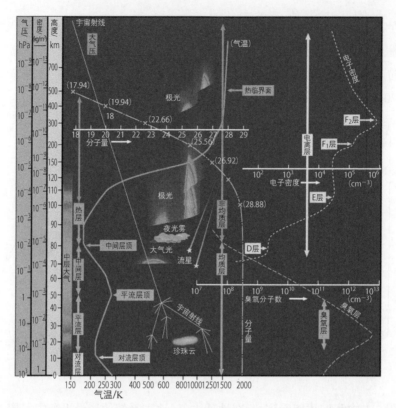

图 2-2 地球大气的垂直构造（理科年表官网，国立天文台，丸善出版社）

那么，地球的这种复杂的气温分布和区别是怎样形成的？首先其前提是，从地表到高度大约 80km 的中间层层顶界面附近的大气混合均匀，其主要成分（78% 的 N_2、21% 的 O_2、Ar、CO_2 等）的平均分子量（约为 29）几乎一定，这里的大气基本上保持着流体静力学平衡（参看专栏 1），将这样的基本上质量均匀的大气（均质层）作为大前提，大气下层（对流层）的温室效应源于被称为中层大气的大气上层（平流层、中间层）直接吸收太阳紫外线加热大气。

▶ 专栏 1 静力学平衡

地球表面被密度随着高度上升呈指数性减少的薄薄的大气覆盖。大气密度在地表大约是 $1kg/m^3$，在高度 20km 附近大约是 $0.1kg/m^3$，在 35km 附近大约是 $0.01kg/m^3$，在 50km 附近大约是 $0.001kg/m^3$，大气密度随着高度升高急剧减少。空气的密度分布和其垂直方向的积分气压由分子运动中的空气和作用于空气上的重力的平衡决定。也就是说，空气的气压、密度、温度之间的关系遵从玻意耳-查尔斯（Boyle-Charles）定律（状态方程式）[式（2-1）]。

$$p=\rho RT \qquad (2\text{-}1)$$

式中，p 为气压；ρ 为密度；T 为绝对温度；R 为大气的气体常数，一般为 1mol 气体的质量 n（kg/mol）的反比值，普适气体常数（universal gas constant）R 计算如式（2-2）所示：

$$R=R/n \qquad (2\text{-}2)$$

在没有对流的状态下，如图 2-补所示，大气层（dz）的平衡由垂直方向的空气自重（$\rho g dz$）和垂直方向的（从下往上）气压斜度所产生的力之间的平衡保持。也就是说，

$$dp=-\rho g dz \qquad (2\text{-}3)$$

就正好像海洋里的水压和水的自重平衡时一样，大气也是这种状态的平衡，被称为静水压（静力学）平衡。

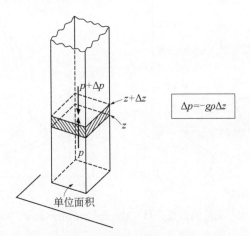

图 2-补　静力学平衡（静力学近似）方程（小仓，1999）

由于大气的各种运动，80km 附近中间层界面以下的大气成分几乎一样，所以在这个大气层中，可以认为静力学平衡几乎是成立的。从物质循环的角度来看，如果非要画一条地球大气层究竟在哪里的线的话，可以认为中间层界面就是上限了。

首先我们在这里说明大气的最下层，由于温室效应，地表的温度高，其上面吸收长波辐射的大气层的温度低。把大气分成多层,然后把辐射平衡方程式(1-4)、

式（1-5）运用到每个大气层的辐射平衡联立方程式中，我们会得到温室效应导致的越往上层走温度越低的气温分布。

也就是说，对流层（越是高空温度越低）的温度分布用以温室效应为前提的辐射平衡就能够近似地说明。更加接近现实的温度分布需要考虑大气层中温室气体的分布和各种气体的辐射特性（长波辐射吸收率的波长依存性等）进行更加严密的数值计算，图2-3显示了这样的计算结果（Manabe and Strickler，1964）。我们需要注意到，只用辐射平衡原理得到的气温分布，在对流层的地表到大约10km之间，气温降低了16℃，这远远大于现实中的气温递减率（大约6.5K/10km）。这里，我们要考虑大气的静力学稳定度（产生对流的指标）（参看专栏2）。

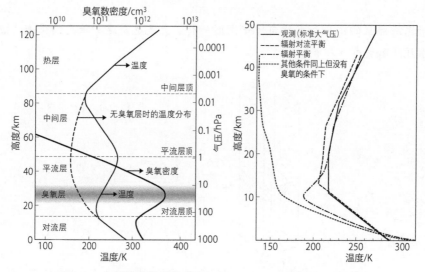

图2-3　大气温度的垂直分布（Manabe and Strickler，1964）

▶ **专栏2　大气的静力学稳定度**

大气的静力学稳定度是指由地表加热或地形等因素产生的上升气流，是否容易形成对流云性积云的一个指标。大气稳定度以静力平衡成立为前提条件，遵守热力学第一定律（能量守恒定律），推导如下。

有一个气团被加热，这个热量等于气团温度上升即增加气团的内能和气团所做的功的和，这就是我们所称的热力学第一定律（能量守恒定律），可以表示为式（2-4）：

$$dQ=dI+pd\alpha \qquad (2-4)$$

式中，Q 为热量；I 为内能；p 为气压；α 为气团的体积；dQ 为单位质量的气团被加热的热量；dI 为单位质量的气团内能的增加量；$pd\alpha$ 为单位质量的气团膨胀所做的功。

如果把空气视为理想气体，那么内能就只是温度的函数：

$$dI = C_v dT \tag{2-5}$$

式中，C_v 为恒定体积下的比热，称为定积（定容）比热。将式（2-5）代入式（2-4）得到式（2-6）：

$$dQ = C_v dT + pd\alpha \tag{2-6}$$

在这里，利用基于理想气体的玻意耳-查尔斯定律的状态方程[式（2-1）]，我们可以将热含量的变化与气团的温度（T）和压力（p）的变化联系起来，

$$dQ = (C_v + R)dT - \alpha dp$$

这里，如果我们将比热定义为等压过程（$dp=0$）中的比热（等压比热），

$$C_p \equiv C_v + R$$

那么式（2-6）就可以变换为式（2-7）：

$$dQ = C_p dT - \alpha dp \tag{2-7}$$

这里，假设气团的运动是在静力平衡条件下发生的，我们将式（2-3）中的密度换成 $\rho=1/\alpha$，再将式（2-3）代入式（2-7），得到以下关系，

$$dQ = C_p dT + gdz \tag{2-8}$$

假设被加热的空气团在没有与周围空气进行热交换的绝热过程中（即 $dQ=0$）上升，我们可以由式（2-8）得到式（2-9）：

$$-dT/dz = g/C_p \equiv \Gamma_d \tag{2-9}$$

式中，Γ_d 为干绝热直减率（dry adiabatic lapse rate），如果把地球的下层大气的定压比热和重力加速度的值代入，我们就能得到 Γ_d=9.8K/km，也就是说，气团每绝热上升（下降）100m 温度会降低（增加）约 1K。因此，如果气团周围空气层的递减率大于 Γ_d，上升的气团就会比周围的空气温度高、质量轻，从而越升越高。这种情况称为绝对不稳定。如果空气层的递减率小于 Γ_d，则上升的气团将比周围的空气更冷、更重，气团的上升将会趋于停止，即更稳定。

然而，真实的大气中含有水汽，在降温过程中，上升的气团往往会达到饱和，水汽凝结形成云。在这种情况下，由于水汽的凝结释放出潜热，气团的温度下降率会减弱，使得湿绝热直减率（moist adiabatic lapse rate）（Γ_m）小于干燥空气（不

饱和空气）的 $\varGamma_d$。$\varGamma_m$ 的变化很大，取决于大气中的水汽含量，在气温高且非常潮湿的大气中，$\varGamma_m$ 可达 4K/km，但对流层中部 $\varGamma_m$ 的代表值为 6～7K/km。对于大气层的温度直减率（$\varGamma$），当 $\varGamma_m<\varGamma<\varGamma_d$ 时其被定义为条件不稳定，现实中的对流活动大多发生在这种条件不稳定的大气中。

在地球大气层的下部，如图 2-3 右图的模型计算结果所示，仅仅由温室效应的辐射平衡决定的大气层下部的温度直减率大于干绝热直减率和湿绝热直减率，因此地球低层大气中始终保持着对流易发的条件，这也是这层大气被称为对流层的原因，以湿润大气为前提的平均温度直减率维持在 6～7K/km。

2.1.3 臭氧层的形成和地球生物圈的作用

地球大气垂直结构的另一个重要特征是臭氧层或平流层的存在（20～50km）。在该层中，从对流层中输送过来的 O_2 被波长较长的来自太阳的紫外线（0.24μm）光离解（photodissociation），形成氧原子，这个氧原子再与 O_2 重新结合，生成臭氧（O_3），即

$$O_2+h\nu(<0.24\mu m) \longrightarrow 2O$$
$$O_2+O+M \longrightarrow O_3+M$$

产生的臭氧被较长波长的紫外线（0.32μm 以下）分离。上式中的 M 是起催化作用的分子。

$$O_3+h\nu(<0.32\mu m) \longrightarrow O+O_2$$

这种光化学反应维持了臭氧层，臭氧层吸收了大部分的太阳紫外线辐射，同时，如图 2-3 左图的模型结果所示，由于紫外线的吸收，大气温度升高，形成了平流层。

来自对流层的 O_2 是臭氧层形成的基础，它是由地上生物圈中的光合作用产生的，生物圈产生了臭氧层，臭氧层又过滤掉了危害生命的紫外线，为维护生物圈做出了巨大贡献（图 2-4）。同时，如图 2-4 所示，臭氧的形成，以及高温的平流层和中间层的存在，将水和其他物质的循环改变为对流层的封闭系统，对减少物质在空间的耗散起到了重要作用。臭氧层（平流层）在地球气候中的存在意义重大，它在第 4 章中讲述的气候和生命的演化过程也很重要。从这个意义上说，臭氧层是地球大气的一个重要组成部分。

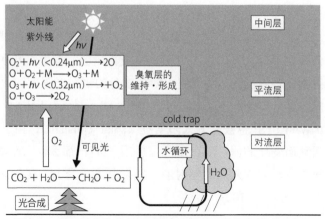

图 2-4　臭氧层和生物圈在大气垂直分布形成中的重要作用

2.1.4　高层大气（热层和电离层）

在中间层顶以上离地面大约 300km 至 600km 以下的区域，由于接近大气层上端，大气密度非常低，接近于真空状态。来自太阳的波长小于 0.1μm 的强紫外线和 X 射线，把热容量很小的稀薄大气中的氧气和氮气的分子与原子光电离化（photoionization），形成电离层（圈），进而激活分子运动使得温度上升，形成热层。热层越往上走温度越高，在热层层顶附近的温度达到几百到 1500 ℃。热层再往上走就是外层。

由于高层大气的密度非常小，使其容易受到与太阳黑子周期等有关的太阳辐射能量的微小变化的影响。例如，有文章（Ogawa et al.，2014）指出，与 11 年太阳黑子周期有关的太阳辐射的紫外线变化会引起相同周期的气温变动。然而，由于大气密度很低，对中间层以下的低层大气的直接影响被认为是很小的，但正如第 3 章所讨论的那样，由太阳活动和地球磁层的变动引起的宇宙射线强度的变化可能会对对流层的云产生影响，从而影响地表附近的气候（参看 3.3 节）。第 5 章中论述的人类活动引起的对流层温室效应增强，是由于高层大气中来自大气下层的红外辐射的减弱，理论上被解释为大气温度降低引起的，但过去 30 年电离层（F 层）（200～400km）的观测结果也显示出温度降低的趋势（Ogawa et al.，2014）。

2.2　地球气候的南北分布和季节性变化是怎样确定的

2.2.1　太阳辐射的南北分布和季节变化

众所周知，在地球表面纬度越高（极地方向），总的来说气温越低；纬度越低（赤道方向），气温越高，其基本的原因是，地球是球形的星体，而地球的自转轴（地轴）与太阳的公转面几乎成直角，而太阳是地球和大气的能量来源。

现在我们假设在地球大气层顶与太阳光线成直角的截面上，单位面积单位时间所接收的入射太阳辐射能为 I，I 的值由太阳本身的辐射能强度和太阳与地球之间的距离而决定。这个 I 被称为总太阳辐照度（total solar irradiance，TSI），目前其值为 $1.36 \times 10^3 \text{W/m}^2$ [TSI 也被称为太阳常数（solar constant），由于它是一个根据太阳的长期活动而变化的值，现在国际上多用 TSI]。那么，太阳高度角为 α，水平面单位面积单位时间内入射的辐射能（辐射强度）为 I_α，根据图 2-5 所示的几何关系，可表示为式（2-10）：

$$I_\alpha = I \sin \alpha \tag{2-10}$$

同样，考虑到自转轴与公转面呈近似直角（90°）的状态（从季节上看是春秋两季），根据图 2-5 所示的几何关系，纬度 Φ 地点的大气顶端入射辐射能 I_Φ 可表示为式（2-11）：

$$I_\Phi = I \sin (90 - \Phi) \tag{2-11}$$

越往高纬度走太阳光越加倾斜于地面，所以在高纬度地区地表单位面积的太阳辐射能比较小。气候的南北分布是根据这种入射辐射能量的纬度分布来确定的。

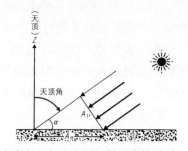

图 2-5　太阳高度角 α 与地表面辐射强度的关系（小仓，1999）

地球自转轴并不垂直于公转平面，而是倾斜约 23.5°（与公转平面倾斜 66.5°），所以即使在同一纬度，太阳的入射角也会随着季节的变化而变化。太阳辐射与地球赤道面的夹角随季节变化而变化，其角度 δ 称为太阳赤纬角（declination angle）。北半球夏至时 $\delta = 23.5°$，冬至时 $\delta = -23.5°$，春分、秋分时为 0°。因此，某个纬度 Φ 的某个季节（赤纬 δ）正午时的太阳天顶角 α 可表示为式（2-12）：

$$\alpha = 90° - \Phi + \delta \tag{2-12}$$

例如，北回归线（23.5°N），在夏至时，$\alpha = 90°$，根据式（2-10），$I_\alpha = I$，与赤道的

年平均入射能量相同，但在冬至时，$\alpha=43°$，这与 43°N 的年平均入射能量相同。地轴的倾斜是地球表面季节性变化的原因，也包括南北半球的季节性逆转。

地球大气层顶单位面积的日均太阳辐射能随纬度和季节的变化如图 2-6 所示。在讨论地球气候及其变化时，这张示意图非常重要。在这张图中值得注意的是，夏季的最大日辐射量不是在太阳的赤道纬度，而是在两极，其原因是在极地 66.5° 以上的纬度上，从春分到秋分的夏季半球的时期，这里存在有白夜（mid-night sun）现象，加长了日照时间，从而增加了日总计的太阳辐射能。另外，在这个极地纬度区，秋分和春分之间的冬季时期，还存在极夜（polar night）现象，此时太阳全天不出现，太阳辐射能为 0。

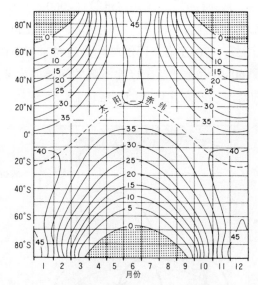

图 2-6　地球大气层顶单位面积的日均太阳辐射能随纬度和季节的变化

从图 2-6 可以看出，如果把南北两半球错开半年，其变化是以赤道对称的纬度和季节变化，细心观察可以发现南半球的辐射能夏季最大值比北半球的辐射能夏季最大值略大，这是因为地球的轨道不是一个完美的圆，而是一个弱椭圆形的轨道，南半球夏季（北半球冬季）太阳与地球的距离比北半球夏季太阳与地球的距离短。如第 3 章所述，地轴的倾斜度和绕太阳公转的椭圆轨道的离心率都有着数万年周期的变化，因此太阳辐射图的分布也会长期而缓慢地变化。

这种太阳辐射的纬度和季节分布的长期变化，在数万年尺度的气候变化中发挥了重要作用，如冰川周期（3.4 节）。

那么，根据日辐射量分布图（图 2-6），北半球的夏季，太阳辐射在北极为最大值，在南极为最小值（0），气温和大气的南北（经向）环流是否符合这样的辐射分布呢？如果大气环流是由太阳辐射直接加热引起的，那么北极上空应该是高温，南极上空是最低温度，大气环流应与这样的温度梯度相对应。实际上，由于太阳辐射，在直接受紫外线辐射加热的臭氧层的平流层（高度数十公里以上）和中间层之间，北极的上空是高温的，而没有太阳辐射的南极由于辐射冷却效果形成低温，为了补偿这种温度分布，存在着一个横跨南北半球的经向环流；从对流层顶到平流层下部还存在另一个经向环流，它在赤道区域上升，在中高纬度下降，被称作 Brewer-Dobson 环流（图 2-7）。平流层和中间层的经向环流是由各种大气波动的碎波驱动的间接环流。关于这些环流和物质运输机制的详细描述，参见小仓（1999）、浅井富雄等（2000）和江尻（2005），但在大气层最下层的对流层（十几公里以下），不存在像平流层和中间层那样的南北环流，而存在着赤道上升，30°左右下降的被称为哈得来环流的直接环流，和比较弱的在高纬度一侧 60°附近上升，在极地下降的间接的南北环流。2.2.2 节将描述大气层最下层的对流层的南北环流的形成机制。

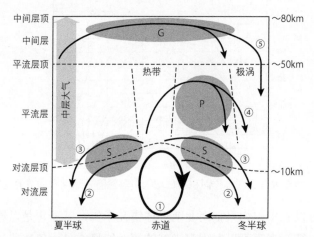

图 2-7　对流层与中层大气（平流层和中间层）的南北环流及质量输送
热带对流层的哈得来环流（①）和大气波动的碎波驱动的中层大气的
环流（②③④⑤）。灰色部分分别为每个驱动源的波动[S（天气尺度扰动）、
P（行星波）和 G（大气重力波）]的碎波领域。以②和③为中心的平流层下部
对应 Brewer-Dobson 环流（Plumb，2002；江尻，2005）

2.2.2　辐射平衡、热量平衡的纬度分布

在太阳辐射的所有能量中，有臭氧层的平流层中几乎吸收了所有的紫外线，

可见光（图 1-7）占有剩余太阳辐射能量的一半左右，这部分能量通过数十公里的大气层到达地球表面。其中一部分可见光由于云层、大气中的气溶胶和地表的反射和散射而返回大气层外，其余的则被地表吸收。图 2-8 与图 2-1 几乎相同，只是将进入地球大气层的太阳辐射能量设定为 100%，给出了各种再分配能量的比例。该图显示了全球平均太阳辐射能量的走向，进入大气层的太阳辐射能量中，约有 30% 被反射和散射回大气层外，50% 被地球表面吸收，约 20% 被云层和大气层吸收。大约 50% 被地球表面吸收的太阳辐射能量加热了下层的大气，在这个加热过程中，传输方式主要有三种：从地球表面发射出的红外辐射，由于温室效应被大气吸收（约 20%）；通过蒸腾作用进行的潜热输送（约 20%）；通过大气湍流进行的感热传输（约 10%）。需要注意的是，这些比例不仅是由当前全球的气候决定的，也是由大气成分、水汽含量、海洋陆地分布等地球气候现状决定的，所以可能会因地球表面的状态和气候变化本身而产生变化。

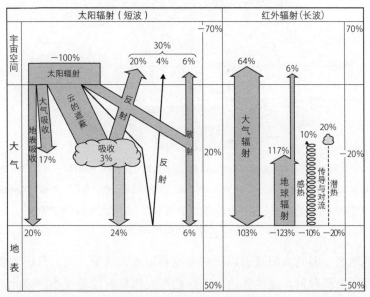

图 2-8　进入大气层的太阳辐射能量和地表红外辐射能量的平衡（Eagleman，1980）

　　进入地球大气层和地表系统的年平均太阳辐射能量和从地表系统辐射出去的红外辐射能量的纬度分布如图 2-9 所示。入射辐射量是净入射量的纬度平均值，如图 2-6 所示，进入大气层的太阳辐射能量顶值中减去随纬度和季节变化的云量、冰雪、气溶胶等的反射和散射的部分。

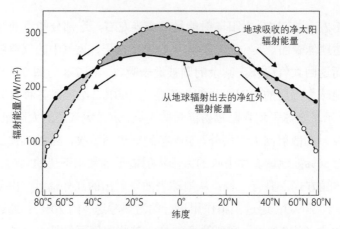

（a）大气和地表系统的净太阳辐射能量和净红外辐射能量的
纬度分布（von der Haar and Suomi，1969）

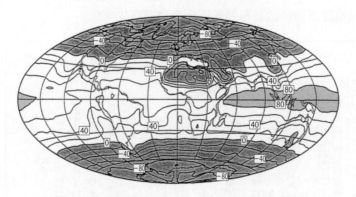

（b）年平均辐射能量平衡的全球分布（净太阳辐射-净红外辐射）

浅色阴影部分是 80W/m² 以上，白色部分是 0~80W/m²，深色阴影部分是负值，单位为 W/m²（Hartmann，1994）

图 2-9　进入地球大气层和地表系统的年平均太阳辐射和从地表系统
辐射出去的红外辐射的纬度分布

　　在极地地区，因为太阳辐射以一定角度斜射入大气层，被大气层中的云、气溶胶、冰雪反射和散射，最终到达地表面的净太阳辐射能量很小。因此，入射辐射量的最大值在赤道附近[图 2-9（a）]。地球辐射基本上就是在每个纬度上的由温度决定的红外辐射。

　　各纬度的太阳辐射与地球的红外辐射之间的差由地球表面附近的大气系统和海洋系统的热量输送来补偿，这种南北辐射量的差值是大气系统和海洋系统的南北环流循环和热量输送的驱动力。图 2-9（b）是净太阳辐射和净红外辐射的差值图。这个图基本上跟图 2-9（a）中的纬度分布一样，但有趣的是，地处亚热带的北非撒哈拉沙漠地区的辐射量收支的年平均是负值。在热带地区中，从印度洋到西太平洋地区的净辐射平衡值特别高。这些在东半球低纬度地区特有的辐射净值的分布与亚洲季风气候密切相关（参见 2.6 节）。

2.2.3　是什么决定了南北方向的热量输送

那么，这就是说首先我们要搞清楚是什么决定了太阳辐射能的纬度分布和地球辐射的纬度分布。

如图 2-6 所示，太阳辐射基本上是由地球球体的几何形状决定的，而决定地球红外辐射量的气温分布则是由某一纬度的热量平衡和热量传输决定的，热量平衡和热量传输是由大气（和海洋）环流本身的状态决定的。换句话说，热量传输的分布既不是原因，也不是结果，只是在平衡状态下就是如此。那么，图 2-9 所示的辐射平衡的纬度分布是由什么决定的呢？

松田佳久（2000）运用了 Golytsyn（1970）的行星对比大气热力学的理论方法，论述了三颗地球型行星（金星、地球、火星）的大气环流问题。把图 2-9 中辐射平衡的纬度分布的半球中辐射平衡为正的低纬度区域和辐射平衡为负的高纬度区域分成两个方框，然后给出其热量平衡的简略图（图 2-10）。这两个分布是由地球大气系统和海洋系统的传热效率决定的，而传热效率是由地球大气的质量和成分以及海洋陆地分布等的边界条件决定的。问题是这些辐射平衡和热量输送的值是如何确定其平衡状态的？Golytsyn 认为行星大气层是一个由太阳辐射能驱动的理想的卡诺循环的热机。即单位质量大气的平均动能产生率 ε 可表示如下：

$$\varepsilon = \frac{k\delta T}{T_1 Q}$$

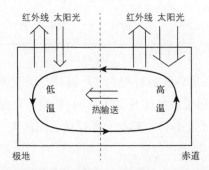

图 2-10　南北辐射加热的差异决定了地球的气候（松田，2000）

式中，k 为无量纲常数；T_1 为大气温度的典型值；Q 为单位质量的吸收能量；δT 为南北温差的典型值；$k\delta T/T_1$ 为太阳辐射能转化为动能的转化效率，那么 $\delta T/T_1$ 就只能是卡诺循环的效率了。Golytsyn 首先假定行星大气的运动状态是足够发达的，能够应用柯尔莫哥洛夫的三维湍流理论，通过量纲分析我们得到在惯性区域内大气的典型风速 $U(L)=(\varepsilon L)^{1/3}$，这里，我们将涡旋大小 L 用行星半径 a 替代，于是可以得到

$$U=(\varepsilon a)^{1/3}$$

此外，如果大气环流从低纬度向高纬度的热量输送与极地区域的红外辐射近似相等，可表示为

$$MC_\mathrm{p}U \cdot \nabla T \sim \sigma T_\mathrm{e}^4$$

这里，∇T 可以用

$$U \cdot \nabla T \sim \frac{U\delta T}{a}$$

来估算大小，最后，我们估算了代表各行星大气的热能和动能（大气环流）的参数值，如表 2-1 右侧所示[详见松田（2000，2014）]。

表 2-1 金星、地球、火星的温度差和风速的估算值（松田，2000）

行星名	单位面积大气压	单位面积吸收的能量	单位质量吸收的能量	辐射的缓和时间	一昼夜	代表的温度差	代表的风速	子午面积循环 1 周的时间
	$M/(\mathrm{kg/m^2})$	$S(1-A)/4/[\mathrm{J/(m^2 \cdot s)}]$	$Q/[\mathrm{J/(kg \cdot s)}]$	$C_\mathrm{p}MT_\mathrm{e}/\sigma T_\mathrm{e}^4/$日	/日	$\delta T/\mathrm{K}$	$U/(\mathrm{m/s})$	$\pi a/U/$日
火星	2×10^2	10^2	8×10^{-1}	3	1	70	50	3
地球	10^4	2×10^2	2×10^{-2}	100	1	20	10	20
金星	10^6	10^2	10^{-4}	2 万	117	1	0.7	300
金星（下层）	10^6	3×10^1	3×10^{-5}	7 万	117	0.4	0.4	600
金星（云层）	10^4	10^2	10^{-2}	200	117	10	7	30

注：关于金星，给出了 3 种情况下的估算值。

表 2-1 重点介绍了各星球的热机和大气环流特点的基本差异。首先，行星的大小（半径 a）、单位面积吸收的能量 $[S(1-A)/4]$ 和定压比热（C_p）在数量级上不相上下，最多相差 2 倍（表 1-1）。其次，各行星之间的大气质量（M）之间存在着 10^6、10^4、10^2 的很大的数量级差别，说明金星的大气层比较厚，而火星的大气层非常薄，那么 M 越大（小），温差 δT 和风速 U 越小（大），其原因在上面的热量输送公式中已经清楚地表明了。同样大小的热量输送，如果 M 大（小），则

与热量输送有关的 U 和 δT 一定小（大）。从热量上看，离太阳远的火星单位质量吸收的能量（Q）比金星大得多，热机的理想热效率（$\delta T/T$）也比较大，因此动能的产生率（ε）较高，典型风速（U）也较大。这是对在实际的金星上，大气质量集中在大气底层，所以风速很小的一种定性的解释，也是对火星上的大气环流非常激烈、伴有很强风速的观测结果的一个证明。地球上的典型风速约为 10m/s，这对于对流层底层来说是合理的。

通过与其他地球型行星的比较，我们得出，与地球的南北热量平衡分布相关的大气环流的基本状态（量）是有效辐射温度（由地球和太阳之间的距离决定）、地球的大小和大气质量共同决定的结果。

然而，以上讨论并没有考虑到海洋环流的作用，实际上，海洋环流在地球表面（大气和海洋系统）的南北热量传输中发挥着与大气环流几乎同样大小的作用。如果我们假设大气的热量输送大约占一半，那么典型风速应该更小。实际上，这里讨论的典型风速应该是南北向风速的平均值，考虑到海洋环流的热量输送，上述值的一半即 5m/s 左右可能比较妥当。现实中的全球气候系统中，南北热量输送和热量平衡的分布是由地球和大气整体决定的，除了这个因素，地球表面海陆分布的不同会导致大气和海洋之间的大环流系统之间也存在差异，具体我们会在后面章节中讲述。

2.2.4　大气环流系统的南北分布——地球自转的作用

图 2-10 是南北辐射不平衡补偿的大气环流系统的简化图。简单地考虑辐射不平衡补偿的大气环流系统（图 2-9），我们可以看到在赤道附近上升在两极下降的南北环流系统，但如图 2-7 所示，对流层中的南北直接环流（哈得来环流）被限制在 30°左右的纬度范围内。为什么这种直接的南北环流系统会被局限于这个纬度？回答这个问题的关键是地球的自转作用于大气和海洋的科里奥利力（地球自转偏向力）。

由热机在赤道附近加热空气使其上升，然后在两极附近冷却下降的大气环流，如果没有地球自转，会在北半球形成一个下层总是刮北风，上层总是刮南风的单一环流。哈得来在 18 世纪考虑了这样的大气环流模式（图 2-11）。在哈得来的那个时代，人们已经通过观测在一定程度上知道了在高纬度地区盛行西风（西风带）、低纬度地区盛行东风（贸易风）的地表风系。于是哈得来提出了如图 2-11 所示的示意图。哈得来模式成立的前提是，从绝对静止系统看大气时，赤道附近的风比两极附近的风具有更大的动量。换句话说，图中东风以相对较小的风速吹过赤道附近的地表，由于地球自转，东风已经具有较大的速度（东西分量），而西风以相对较大的风速吹过高纬度地区的地表，由于地球自转，西风具有较小的速度（东西分量），从绝对静止系统的角度看，这两个前提都是建立在地球和大气的最大角动量守恒的基础上。17 世纪开普勒和牛顿就已经认识到角动量守恒是天体物理学的基础，但直到 19 世纪科里奥利发现科里奥利力（1835 年），以及地球自转对傅科摆慢速运动的影响（1851 年）时，人们才明白角动量守恒在地球（大气）现象中的重要性。哈得来似乎已经看到了地球球面上的大气和地表之间的摩擦，产生了当时已经观测到的南北分布的风系。然而，如果只考虑角动量守恒，那么在赤道东西风速为 0 的空气越往高纬度走西风越大，有理由认为，西风在北极会变得无限大。相反，从北极出发的空气向低纬度移动时，东风会变得越来越大。在这个意义上讲，哈得来并没有缜密地考虑（或理解）角动量守恒。哈得来南北环流越往高纬会变得越不稳定，这是因为地球自转，纬度越高，科里奥利力越大，会产生涡旋或波动，关于这一事实，我们到 20 世纪才搞清楚由科里奥利力引起的旋涡或波动对热量传输起了重要的作用（廣田，1981）。

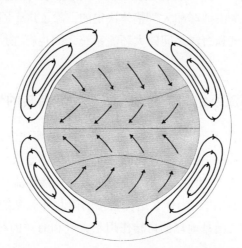

图 2-11　哈得来（Hadley，1735）思考出的地球南北环流模式图（Lorenz，1967）

　　哈得来环流是暖空气上升，冷空气下降的直接环流，在空气上升的区域，低层大气水平收敛，高层大气水平发散；反之，在空气下降的区域，低层大气水平发散，高层大气水平收敛。然而，在中高纬度地区科里奥利力变得足够大时，与加热和冷却相伴的温度梯度产生的气压梯度力会和科里奥利力平衡，从而产生地转风，这个地转风与压力梯度平行吹动，所以它并不能输送热量。

　　在这种情况下，要想进行热量输送，必须将几乎与地转风平衡的气流改变为水平涡流，才能变成南北向的热量传输形式。为了增加理解，我们用有水平温度梯度的旋转水盘实验来模拟这一现象（图 2-12）。在本实验中，水盘的旋转速度代表科里奥利力的大小，水盘内壁和外壁的温度差代表南北温度梯度，通过改变温度梯度和科里奥利力的大小，模拟大气环流的模式。在这种情况下的波型，如果沿着代表东西方向的圆周完全对称，那么由流动引起的热量传输将会是 0，所以有必要在东西方向上稍有变形和不对称。

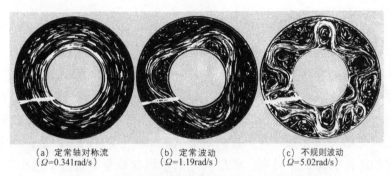

(a) 定常轴对称流　　　 (b) 定常波动　　　 (c) 不规则波动
　　(Ω=0.341rad/s)　　　　(Ω=1.19rad/s)　　　　(Ω=5.02rad/s)

图 2-12　旋转水盘模拟大气环流实验（小仓，1978）

从（a）到（c）随着水盘转速 Ω 的增加，波动模式变得越来越明显

2.2.5　哈得来环流形成的必要条件是积云对流

顺便说一下，要形成在整个对流层对流的哈得来环流的话，需要有一个垂直的气压梯度，由于对流层下层的北风成分，高纬度地区是高气压，赤道地区是低气压；同时，对流层上部则为南风成分，高纬度地区是低气压，赤道地区是高气压。当然，气压分布是由温度分布产生的，温度分布是由对流层大气的加热和冷却分布引起的。大气在不同纬度的加热（或冷却）分布是由地表辐射通量、感热和潜热在不同纬度的加热差异造成的，如图 2-1 所示，但这些地表辐射和热通量的差异必须影响到整个对流层的温度，才能形成哈得来环流。哈得来环流的驱动力是南北（纬度方向）加热不同而引起的整个对流层的温差（以及相关的气压差）。

让我们考虑一下大气的温度和气压之间的关系。在给定温度 T 下，由静力学平衡方程[式（2-3）]和状态方程[式（2-1）]得出大气气压的垂直分布如式（2-13）所示：

$$\frac{\mathrm{d}\ln p}{\mathrm{d}z} = -\frac{g}{RT} \tag{2-13}$$

式（2-13）表明，大气温度 T 越高（越低），高度方向的气压变化（递减率）越小。换句话说，某个特定的等压面之间的厚度，温度较高（较低）等压面厚度更厚（更薄）。因此，大气在被加热和冷却的情况下，即使在等压面上也会形成湿度（密度）的不同分布，这就是所谓的斜压大气。

位于温度较高的热带和（相对）温度较低的中纬度之间的南北向的大气层具斜压大气的结构，例如，对流层上层的等压面高度在热带地区很高，而在中纬度地区则比较低，因此，有一个向中纬度的负的气压梯度，从而产生了向北的流动（南风成分）。

暖空气实际上是由地表加热而升温，从而伴随着空气向上的流动，导致近地面附近的气压降低，对流层下层从中纬度到赤道有一个负的气压梯度，结果就产生了下层向低纬度方向，上层向高纬度方向进行空气流动的哈得来环流。

然而，仅凭地面附近感热的加热，能够使整个对流层的气温升高，形成斜压大气吗？这里还有一个要素是与水蒸气的凝结相关的潜热的作用。热带大气的特点之一是温度高并且还有丰富的水蒸气。水蒸气丰富的原因是占据大部分热带地区的海洋的海面水温高，低层大气的水汽含量总是接近于饱和的状态。这里，包括潜热在内的大气总热能（湿静能）h 可表示为式（2-14）[①]：

$$h \equiv C_pT+gz+Lq \tag{2-14}$$

在干燥的中高纬度大气中，h 值在对流层下层很小，在对流层上层增大；而在热带地区，由于水汽丰富，h 值在对流层下层很大，在对流层中部很小（约 600hPa），在对流层上层又增大。对流层中、下层总热能的分层状态表明，热带大气基本处于对流不稳定状态[对流不稳定大气是指当下层大气由于某种原因被抬升时，形成容易产生积云对流的条件不稳定大气。详见小仓（1999）等]。

新田（1982）对这样的总热能分布的热带大气中的哈得来环流的维持机制做了以下的讨论。图 2-13 为与热带大气和平均哈得来环流系统相关的大气质量和能量流的简图。大气层分为上对流层和下对流层两层，南北半球被认为是对称的。首先，在大气质量平衡中（图中右半部分），大小为 $\overline{M}$ 的量从低层向高层输送，同样大小的 $\overline{M}$ 从上层向中纬度输送，这是平均的哈得来环流的质量平衡。另外，从这种平均质量环流所导致的总热能的平衡来看（右图左半部分），在上层（方框）里，因为从下层的边界处进入的能量 $\overline{h}_M$ 小于从上层输送到中纬度的能量 $\overline{h}_U$（即，$\overline{h}_M - \overline{h}_U < 0$），所以

$$\overline{Mh}_M - \overline{Mh}_U + Q_R < 0 \tag{2-15}$$

---

① 式中相关变量解释见图 2-14。

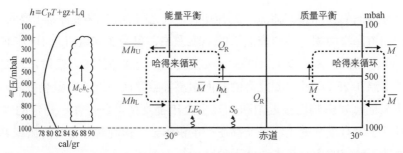

图 2-13　热带总热能 h 的高度分布（左），热带大气的能量平衡和哈得来环流（右）（新田，1982）

左图中 $C_P\,T$ 为焓（感热），gz 为势能，Lq 为潜热。右图中的 M 为哈得来环流中的空气质量通量，h_U、h_M、h_L 分别为对流层上、中、下层的总热能，M_C 为云层内的空气质量通量，h_C 为云层中的总热能，Q_R 为辐射加热率，E_0 和 S_0 分别为地表蒸发率和感热通量

在这里，Q_R 是辐射加热率，$Q_R < 0$，也就是说，热带上空高层大气的热能总是在递减。那么为了维持这个总是以定常状态存在于热带上空的哈得来环流，需要总是有热能从大气底层输送进大气上层。这个能量源不是在平均的哈得来环流内，而是被认为来自诸如积云等扰动造成的外围能量传输[图 2-13（左）]，即

$$(\overline{M'h'})_M \sim M_C(h_C - \overline{h}_M) > 0 \tag{2-16}$$

式中，M_C 为积云对流输送到上层的空气质量，h_C 为云层中的总热能；$\overline{h}_M$ 为对流层中层总热能的平均值；"～"代表大致范围，或者接近于。在热带巨型积雨云中，下层的大量总热能 $\overline{h}_L$ 向上输送时，在这个过程中几乎不与周围空气产生能量交换，因此可以认为 $h_C \sim \overline{h}_L$。由积云对流扰动的热传递为

$$(\overline{M'h'})_M \sim M_C(\overline{h}_L - \overline{h}_M) > 0 \tag{2-17}$$

考虑到积雨云对流的热输送的效果，上层的热能平衡变为

$$\overline{Mh}_M - \overline{Mh}_U + Q_R + M_C(\overline{h}_L - \overline{h}_M) \sim 0 \tag{2-18}$$

只有这样，整体的热能量的平衡才能得以维持。

综上所述，在遍布整个对流层内的热带哈得来环流的形成和维持过程中，需要有能量不断向高层大气输送（h_C），而这个能量来自时间和空间尺度都比平均哈得来环流小的积雨云群的扰动。

2.2.6　水循环的作用

上一节中我们介绍了哈得来环流是热带地区的一种大尺度大气环流，为了使哈得来环流形成，整个对流层深层的对流活动必须在赤道附近发生。换句话说，为了维持哈得来环流，赤道附近的低层大气必须保持湿润和对流不稳定的状态，这样才易于发

生对流。为了维持这样的大气状态，对流层和地表之间的水循环发挥着重要的作用。

我们知道海洋面积占地球表面积的70%左右，可是在赤道南北10°左右的热带地区，海洋面积占80%以上。这些海域吸收着赤道强烈的太阳辐射，大部分海域的海面水温在28℃以上。如此高的海面水温导致海面附近的气温也很高，低层大气由于海面蒸发影响而接近饱和，几乎全年都维持着条件性不稳定的大气状态，而且几乎没有季节变化，每天都在产生积雨云，傍晚时分会有阵雨或暴雨，这种条件性不稳定的大气状态造就了独特的热带天气。

热带大气中的水汽不仅从该地区的海面蒸发，还有一大部分是被贸易风从亚热带带到了赤道。各纬度带的水汽平衡（降水-蒸发）分布如图2-14所示，亚热带20°~30°有一个最小（负最大值）的分布区域，由于副热带反气旋的贸易风，海面蒸发量大于降水量，蒸发的水汽在这里进入大气，所以以赤道为中心的热带地区，是水汽源区。换句话说，哈得来环流不断地将亚热带的水汽输送到热带，并因热带的降水和对流活动而释放出潜热，哈得来环流由热带和亚热带的大气水文循环共同维持着。

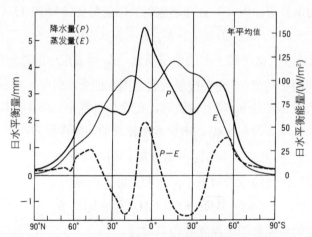

图2-14　全球地表水的年平均平衡中的降水量、蒸发量和两者之差的纬度分布（Newton，1972）

2.3　海洋陆地的分布和海洋环流的作用

2.3.1　在气候形成过程中海洋和陆地的差异

如图2-15所示，我们现实中的地球，有海洋和陆地的分布。特别是在北半球，有欧亚大陆和北美大陆，北太平洋和北大西洋位于它们之间，在东西方向上，海洋和陆地交互存在着。中纬度（45°N）欧亚大陆和北太平洋分别占据了 120°的经度，北美大陆和北大西洋分别占据了 60°的经度。大陆从赤道横跨到极地，海洋在各个纬度上都被分为东西两个部分。另外，南半球在低纬度上有非洲、大洋洲、南美洲三大洲，但在南纬 50°S～70°S 几乎没有陆地，南极洲被南极洋环绕着。南北半球的这种海陆分布对气候的分布，包括两半球的气候差异起着重要作用。

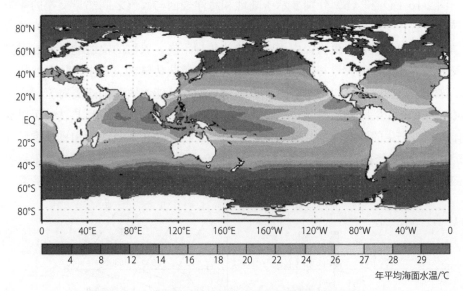

图 2-15　全球海洋陆地的分布和年平均海面水温分布

那么，南北两半球海陆分布不同的什么原因导致了气候不同呢？首先是海洋与陆地（大陆）两者之间的热力学特性的差异。陆地是由岩石基质构成的，岩石基质上覆盖着被风化了的岩石和生物活动形成的土壤和植被，干燥的陆地表面的比热约为水的一半，即当施加相同的热量时，陆地的温度变化约为水的两倍。另一个更重要的特征是陆地和海洋表面对昼夜与季节变化的太阳辐射的有效热容（effective heat capacity）不同。

由以下原因可以得出，海洋表面的有效热容比固体的陆地表面大得多（Webster，1987）。

（1）海洋表面的有效热容虽然根据海洋表面海水的浑浊度的不同而变化，但海洋能够在一定深度吸收太阳辐射能。而陆地表面只有几微米的厚度能够吸收太阳辐射能。

（2）由于陆地表面的热能输送只通过热传导的方式进行，因此向土壤下层的热量输送是一个效率低且耗时的过程。

（3）海洋表层的热量输送主要靠比热传导远远高效的湍流混合（搅动）来完成。湍流混合可由海面风应力或由海面的辐射冷却形成的重（密）水垂直混合引起。像这样海洋表层吸收的热量被输送到下层，下层较冷的水被输送到表层，形成厚度为50～100m厚度的表层（混合层）。由于这种混合层的存在，海洋表层的有效热容量远远大于陆地表层。

图2-16（a）和（b）分别显示了陆地和海洋表面与大气之间热量交换的季节差异，图的右半部分的Ⅰ、Ⅱ、Ⅲ分别表示地表附近的气温和地中（海中）温度在季节进程中的变化。夏天，由于陆地的热传导不畅，入射的辐射能量通过提高地表薄层的温度，使大气与地表的温差增大，将感热传输到大气中，从而加热大气。这种感热加热大气，在干燥对流发生的情况下，能将大气加热到对流层中部5000m左右。如果地表是潮湿的，则主要发生潜热传输（蒸发）。潜热传输可以通过伴有积云产生的湿对流加热整个对流层大气。特别是在热带地区和夏季季风地区，主要是通过潜热对大气进行加热，我们将会在后面论述。冬季，地表由于辐射冷却，温度大幅下降，由大气向下的感热传输使地表附近的大气层冷却降温，

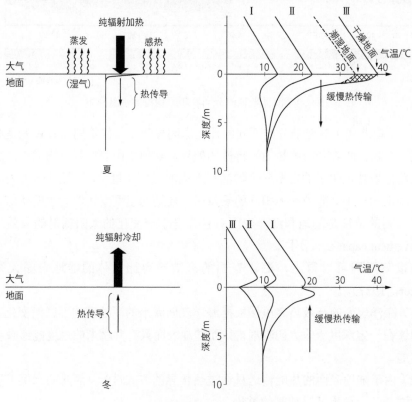

（a）陆地表层的热交换过程（Webster，1987）

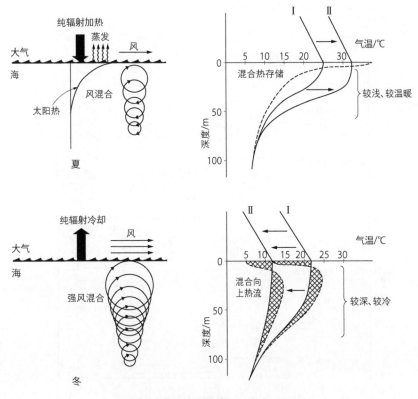

（b）海洋表层的热交换过程（Webster，1987）

图 2-16　地表和海洋表层的热交换过程

形成地面逆温层。在海洋表层［图 2-16（b）］，夏季热量在海洋的混合层中传输和储存，并使得海面水温缓慢上升，同时将热量传输到大气中。在冬季，海洋表层开始冷却时，混合层下层的热量会往上传输，这使得海面水温下降很缓慢。在强风的季节（地区），热量交换作用由于海洋表面的湍流而增强，与其说是海洋表层的辐射加热，不如说是蒸发和海洋混合层的搅拌被强化，这也会导致海面温度降低。

　　由于大气和陆地表层、大气和海洋表层之间的这些过程，即使是同样强度的太阳辐射照射，陆地表层的温度往往比海洋表层的水温高得多。冬季则相反，陆地的冷却程度会比海洋表层大，陆地的温度也就比海洋低。根据全球客观分析数据，图 2-17 显示了陆地和海洋的季节温度差分布。我们可以看出陆地和海洋之间温度的季节性差异很大。根据季节不同的海陆温差是季风形成的一个重要因素，这将在后面的 2.6 节中讨论。由于海洋表层的有效热容大，其温度的季节性最高（最低）值出现的时间比太阳辐射的季节性变化晚两个月左右。而陆地的温度则主要受土壤表层含水量的影响。

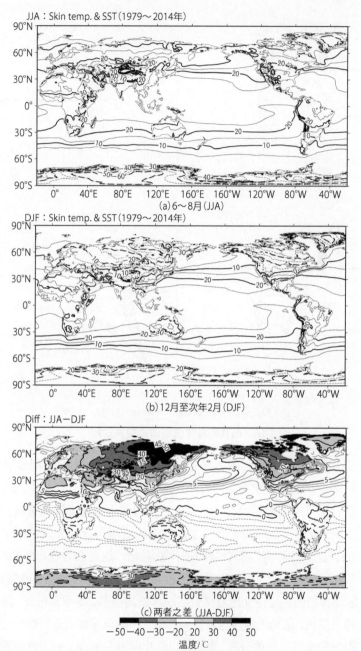

JJA：Skin temp. & SST (1979～2014年)

(a) 6～8月 (JJA)

DJF：Skin temp. & SST (1979～2014年)

(b) 12月至次年2月 (DJF)

Diff：JJA-DJF

(c) 两者之差 (JJA-DJF)

−50 −40 −30 −20 20 30 40 50
温度/℃

图 2-17 6～8 月与 12 月至次年 2 月陆地的地表温度和海洋的海面水温及两者之差（1979～2014 年）

地表温度是基于全球客观分析 ERA-interim 数据

2.3.2　表层洋流系统（风生环流）和气候的东西分布

形成气候的另一个重要过程是由海洋和陆地的分布而规制的海洋大环流系统和它的热量传输。我们知道海洋占据了地球表面约 70% 的面积，海洋的状态对气候系统的热输送、热量平衡和物质循环起着重要作用。海洋大环流主要有两种：风生环流和热盐环流（深水环流）。海洋物理学的教材中有关于这方面的详细解释，这里主要解释的是作为气候系统的一个子系统，海洋大环流的形成和维持的基本机制在气候系统中发挥的作用。

海洋表层的海水随风漂流，首先形成的是海洋表层的环流系统，即风生环流。海洋表面的海水被风吹而流动的原因是海面的摩擦力和海水的黏性，风的力量（风应力）会影响到一定深度的海水。受风应力影响的海水深度被称为埃克曼层（Ekman layer），通常从海面到深度几十米。由于科里奥利力的作用，在北（南）半球，由风应力驱动的大型的海洋表层洋流（埃克曼流）的方向是向着风矢的右（左）方。海面直接受到风应力的影响，但海面下的海水由于其黏性，受到靠近海面的流动的拉动，流动的速度比海面的速度低，科里奥利力始终作用于这个流动。埃克曼层的表面洋流示意如图 2-18 所示。埃克曼层中的流动方向随着深度的增加呈螺旋状变化，由于黏度的影响，流速逐渐降低。埃克曼层的底部流速为 0。最终，由于风应力导致的埃克曼层整体积分的质量传输（埃克曼传输）的方向垂直于在北（南）半球向右（左）向的风矢［参照小仓（1978）］。

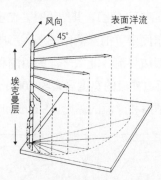

图 2-18　北半球海洋埃克曼层的表面洋流示意图（小仓，1999）

埃克曼流在决定海洋表层洋流系统中发挥着非常重要的作用。在基本上刮西风的中高纬度地区，埃克曼层的海水输送向南；在刮东风的热带地区，埃克曼层的海水输送向北。也就是说，在西风和东风接壤的亚热带区域，海洋表层由于来自北方的海水和来自南方的海水在此汇合，海面抬高（对应大气的高压），形成高水压带。海洋表层的汇合程度与风的（应力场）分布有关，这个由风系和埃克曼传输引起的海洋表层的洋流是科里奥利力和气压梯度力之间平衡的地转流，一般称为斯韦德鲁普平衡，由式（2-19）表示（小仓，1978），

$$\beta v = \frac{f}{\partial z} \frac{\partial w}{\partial z} \qquad (2\text{-}19)$$

式中，v 为埃克曼层向北的平均流速；w 为垂直上升速度；f 为科里奥利力的强度，它与经度无关，在纬度方向上呈线性关系（β 平面近似），$f=f_0+\beta y$（这里，f_0、β 为常数）。

风应力与表面洋流 v 之间的关系公式表示如下，

$$\beta v = \nabla \times \tau \qquad (2\text{-}20)$$

式中，τ 为风应力矢量。

以上两个方程表明，当风应力场具有涡度分量时，海洋埃克曼层的表层洋流具有南北向的分量，形成了埃克曼层的汇合和分散场。在实际的大气环流系统中，风的东西分量呈南北分布，海洋上空又有副热带高气压，所以与这种大气环流模式相关的 τ 具有负涡度成分，形成相应的顺时针方向的表层洋流。

此外，为了遵守涡度守恒方程[见 2.4.2 节式（2-36）][（$f+\zeta$）/ΔH=常数]，海洋西侧（大陆东岸近海）向北的洋流（纬度越高，科里奥利力越大），β 效应使得相对涡度 ζ 更负（顺时针分量），海洋东侧的南向洋流就有必要把负的 ζ 平衡掉。结果如图 2-19 所示的顺时针的表层环流，为了使其 ζ 在海洋西侧的负值大，东侧的负值小，环流的中心更加偏向西（北）。其结果是，在压力梯度大的西侧有较强的北上的洋流，压力梯度小的东侧南下的洋流则较弱，形成东西不对称洋流形式。西侧较强的北上的洋流被称为西边界流，北太平洋的黑潮和北大西洋的墨西哥湾流就是西边界流的代表。实际的西边界流的宽度只有约 100km，是一种非常狭窄的洋流，建立其模型时需要考虑海底摩擦和洋流的黏度（Stommel，1948），这里不作介绍。

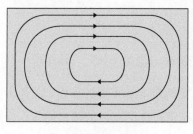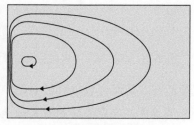

无科里奥利力时的循环　　　　　　　有科里奥利力时的循环

图 2-19　西岸边界流（增强流）的示意图（以流线函数表示）

海洋的风生环流正如其字面的意思就是由大气环流来驱动和维持的，这种表层洋流系统的南北热传输量非常大，因此也降低了大气中的南北温度梯度。其影响结果是在当前地球的海陆分布边界条件下，大气环流和海洋环流由于风应力与海水黏度的作用，相互作用并互补平衡，维持着稳态的大气环流和海洋环流的热传输，如图 2-20 所示。

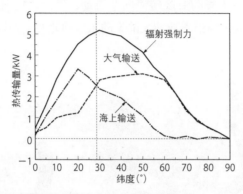

图 2-20　大气和海洋系统中的纬度方向的热传输平衡（von der Haar and Oort，1973）

与中高纬度相比，以纬度 30° 为界的较低纬度（热带和亚热带）地区，哈得来环流在大气中的南北热量传输相对较小，但海洋表层的埃克曼热量传输却很大。相比之下，在中高纬度地区，海洋表层的埃克曼热量传输变为逆向由北向南，这使得大气环流（西风带波动）的热输送更为盛行。

这种大气-海洋结合的环流系统平衡状态与气候系统中两极和赤道之间的热量输送效率密切相关（3.4 节），因此，在考虑过去与现在截然不同的全球气候变化时，具有非常重要的意义。

2.3.3　深层水（热盐）环流与气候变化

在与大气环流密切互动的海洋表层之下，有很大一部分海洋平均深度在几公里，但这部分海洋就这样静静地躺着，与大气无关吗？

海水的密度由温度、盐度和压力决定，海洋的分层状态基本上是越往低层密度越大，越保持着稳定状态。因此，平均而言，表层与其下层之间很难发生热、水和物质交换。而能引起这种交换的条件只有海水的强冷却或高盐度海水的形成，以及海水运动引起的强烈扩散。

事实上，在目前的海洋中，已经发现了两处前述原因形成的高密度海水往深层沉入的地方。一个是在 70°N 附近的北大西洋北部格陵兰岛近海附近，风生环流的墨西哥湾流，蒸发作用使得其密度足够大，再往北走到格陵兰岛近海附近被强烈冷却；另一个是在南极洲附近的南冰洋的海冰区域，由于海冰形成的高盐度海水（卤水）在这里下沉。如图 2-21 所示，在这些区域持续下沉的高密度海水发源于北大西洋，沿南北美洲大陆东海岸向南流动，与南极洲周围形成的深层水汇合，再沿印度洋和南太平洋的海底缓慢向东流动，然后，它向北流过澳大利亚大陆架，越过赤道，在北太平洋沿着亚洲大陆架的东缘向北并上升抵达海面（Broecker，1991）。

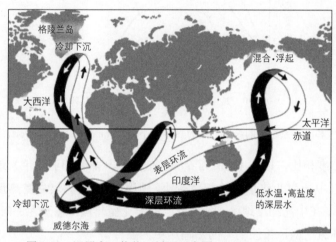

图 2-21　深层水（热盐）循环示意图（broecker，1991）

受 β 效应的影响，沿着海洋西岸的大陆架流动然后返回海面的过程是通过扩散，也就是前面提到的另一个过程。这种沿着洋底爬行的低层海水的流动非常缓慢，其流速大约为 1cm/s，从沉入的地方返回海面需要 1000 年左右的时间。这种深层海水的环流被称为热盐环流（thermohaline circulation），因为它是由海水的温度和盐分浓度的密度差驱动的（Wunsch，2002）。

风生环流对大气和海洋表层的地球表面的气候分布形成起着重要的作用，而海洋深水环流则以 1000 年时间尺度的热量平衡方式将地球表层的大气和整个海洋联系起来，对决定某种长期的大气和海洋系统的平均温度即气候系统的平均温度起着重要作用。然而，关于这种环流的维持和变动机制仍有许多未解之谜，如海水下沉过程的机制和回流到海面的扩散幅度等。例如，较重海水向海洋表层扩散的扩散系数有多大？因为根据这个扩散系数的大小，环流强度和时间尺度会发生很大的变化，但由于缺乏观测，至今仍不清楚。

这种热盐环流是由海水的密度差引发出来的,这个密度差主要与海洋表面与大气的热量和水量平衡及海洋的热力学过程有关。根据南北温差和水平衡(降水量和蒸发量之差),当淡水量增加时,海水的密度减小,蒸发量增加时,海水的密度增大。后面将讨论的冰川循环(见第 3 章)和全球变暖问题(见第 5 章),都与地球表面热量和水分平衡的长期变化有关,进而影响热盐环流(深层水环流)。

2.4　大型山脉地形对大气环流和气候形成的作用

2.4.1　西风带与罗斯贝波

地球表面分布着海洋和陆地,在陆地上,又有山川河流等较为复杂的地貌分布。特别是青藏高原的喜马拉雅山脉,美洲的落基山脉、安第斯山脉等大山脉,由于其高度达几公里,水平尺度更是几千至上万公里,对大气循环和气候影响很大。这些大山脉对大气环流和气候的影响是由它们作为障碍物使气流变形(大气环流)的作用以及高地表和斜坡地形改变地表和大气之间的热交换过程的作用决定的。前者是山的力学效应,后者是热力学效应。

首先,让我们考虑力学效应。如果不考虑地表面附近的摩擦力的影响,地球上的大气运动可以近似地认为是由压力分布(由温度分布引起)和科里奥利力的平衡产生的地转风。也就是说,东西风分量 u 和南北风分量 v 的运动方程可以表示为

$$\frac{\mathrm{d}u}{\mathrm{d}t} - fv = -\frac{1}{\rho}\frac{\partial p}{\partial x} \tag{2-21}$$

$$\frac{\mathrm{d}v}{\mathrm{d}t} - fu = -\frac{1}{\rho}\frac{\partial p}{\partial y} \tag{2-22}$$

式中,f 为科里奥利参数, $f = 2\Omega\sin\phi$ 。

在上面的方程中,我们可以把气压差和科里奥利力平衡的稳定状态下的地转风(u_g , v_g)表述为

$$u_g = -\frac{1}{\rho f}\frac{\partial p}{\partial y}, \quad v_g = \frac{1}{\rho f}\frac{\partial p}{\partial x} \tag{2-23}$$

即在中高纬度地区,南北气压梯度(由于南北温差)占主导地位,与等压线平行,低压部分(北)在左侧,西风占主导地位。在西风带盛行的季节和纬度带上,大型山脉的力学效应表现得尤为明显。

这里，大气的大尺度流动，特别是旋转球面上的地转风，可以分解为涡度（旋转分量）和发散（发散分量和收敛分量），用来代替风向量 V 的东西向（u）和南北向（v）分量，这样更容易理解西风带蜿蜒曲流的机理。

涡度和发散的定义分别表示为

$$\zeta = \frac{\partial v}{\partial x} - \frac{\partial u}{\partial y} \tag{2-24}$$

$$\mathrm{div}V = \frac{\partial u}{\partial x} + \frac{\partial v}{\partial y} \tag{2-25}$$

那么，将（u，v）的运动方程式（2-21）和式（2-22）分别用 y 和 x 微分，并取其差值，我们就可以得到如下的涡度方程，

$$\frac{\mathrm{d}}{\mathrm{d}t}(f+\zeta) = -(f+\zeta)\left(\frac{\partial u}{\partial x} + \frac{\partial v}{\partial y}\right)$$

$$-\left(\frac{\partial w}{\partial x}\frac{\partial v}{\partial z} - \frac{\partial w}{\partial y}\frac{\partial u}{\partial z}\right) + \frac{1}{\rho^2}\left(\frac{\partial \rho}{\partial x}\frac{\partial \rho}{\partial y} - \frac{\partial \rho}{\partial y}\frac{\partial p}{\partial x}\right) \tag{2-26}$$

这里，如果我们假设波长在几千公里的西风带的蜿蜒运动是二维的、不可压缩的，可以近似地认为整个对流层的波动运动几乎是一样的，如上升流分量 w 小于风速的水平分量，密度（温度）和压力分布的差异可以忽略不计，那么右边的第三项和第四项可以省略。因此，描述这种大尺度大气运动的涡度方程可以简化如下：

$$\frac{\mathrm{d}(\zeta + f)}{\mathrm{d}t} = -(\zeta + f)\mathrm{div}V \tag{2-27}$$

我们进一步做简化，假设大气运动没有发散成分，于是式（2-27）变为

$$\frac{\mathrm{d}(\zeta + f)}{\mathrm{d}t} = 0 \tag{2-28}$$

这个方程式表明，随着地球自转而运动的大气（或海洋）的涡度在绝对空间内是守恒的，即绝对涡度（$\zeta+f$）守恒式，只不过是角动量守恒定律的变形。

$$\frac{\mathrm{d}\zeta}{\mathrm{d}t} = -\frac{\mathrm{d}f}{\mathrm{d}t} = -\beta v \quad （这里，\ \beta \equiv \frac{\mathrm{d}f}{\mathrm{d}y}） \tag{2-29}$$

式中，右侧被称为 β 项，即科里奥利参数的南北分量。由式（2-29）表示 ζ 随着运动的南北分量的大小和方向变化，β 为恢复力。这意味着，在有南风成分的运动中，ζ 减小，在有北风成分的流量中，ζ 增大。把此式与式（2-28）的绝对涡度守恒定律结合起来考虑，如当正的 ζ（低气压涡旋）向北运动时，f 的增加量正好是 ζ 的减少量，从而转变为负的 ζ（高气压性涡旋），随着向南的运动，f 的减少

量是 ζ 的增加量。

让我们考虑一个扰动场，在这个扰动场中，ζ 的变化只有东西方向分量的一般运动 U。

也就是说，$u=U+u'$，$v=v'$，这里 u'、v' 是运动的扰动分量。于是，$\zeta=\partial v'/\partial x-\partial u'/\partial y$，假定 β 一定，式（2-29）变为

$$\left(\frac{\partial}{\partial t}+U\frac{\partial}{\partial x}\right)\left(\frac{\partial v'}{\partial x}-\frac{\partial u'}{\partial y}\right)+\beta v'=0 \qquad (2\text{-}30)$$

其中非发散的 u' 和 v' 用流函数 ψ 表示，

$$\zeta=\frac{\partial v'}{\partial x}-\frac{\partial u'}{\partial y}=\nabla^2\psi$$

于是式（2-30）成为

$$\left(\frac{\partial}{\partial t}+U\frac{\partial}{\partial x}\right)\nabla^2\psi+\frac{\beta\partial\psi}{\partial x}=0 \qquad (2\text{-}31)$$

我们假设这个 ψ 的扰动在东西方向和南北方向可近似地表述为正弦变化，那么 $\psi=A\sin k(x-ct)\sin ly$（$A$ 为扰动的振幅，k 为东西方向的波数，l 为南北方向的波数，c 为东西方向的传播速度）。把 ψ 的公式代入式（2-31），整理一下，得到 c、U、k、l 之间的关系式如下：

$$c=U-\frac{\beta}{k^2+l^2} \qquad (2\text{-}32)$$

换句话说，波动形式的扰动的相位速度 c，在 U 为西风时会变慢，相对于一般运动呈西进的波。如果 U 是东风，这个波就不存在。为简单起见，假设南北方向是均匀的，波数接近于 0（$l\sim0$），式（2-32）的形式如下，

$$c=U-\frac{\beta}{k^2} \qquad (2\text{-}33)$$

换句话说，k 越小（即波长 $L=2\pi/k$ 越大），c 的负值就越大，向西传播的相位速度就越大。这种向西传播的波称为罗斯贝波（Rossby wave）。对于波长达几千公里的盛行西风带内的高低气压和低压槽高压脊，$U>\beta/k^2$，$c>0$，即这些波向东移动。这些波也称天气尺度扰动，是决定我们日常天气的重要的波。在冬季，当作为一般流的西风 U 越大时，它会以越快的相位速度向东移动，而夏季的 U 比较小，它以较慢的相位速度向东移动。正是由于这种尺度的罗斯贝波的运动，天气才会由西向东变化。罗斯贝波中，波数为 1~4 的长波（数千到 1 万 km）被称为行星波（planetary wave），它们常以 $c<0$ 的缓慢速度西移，在全球或半球范围内对天

气和气候的分布与变化起着重要作用。

2.4.2 大型山脉地形对定常罗斯贝波的激发

在相位速度 $c=0$ 的情况下，会有一个定常的罗斯贝波，对应西风带的准定常蜿蜒行进状态。

为了简单起见，我们只考虑东西方向的波数，根据式（2-33），定常的罗斯贝波可以近似地表示为

$$L = 2\pi\sqrt{\frac{U}{\beta}} \qquad (2\text{-}34)$$

因此我们可以看出，冬季西风强时，波长变长；夏季西风弱时，波长变短。大型山脉地形激发的罗斯贝波是定常罗斯贝波，对中纬度西风带气候的东西向分布的形成有着重要的决定作用。

喜马拉雅山脉（青藏高原）和落基山脉东西宽达几千公里，南北纵横达一千多公里，对于西风带来说，它们是定常罗斯贝波重要激发源。如图 2-22 所示，北半球冬季对流层高度分布的特点是青藏高原和落基山脉上空有定常的高压脊，背风面有明显的低压槽。接下来我们探讨一下这种定常罗斯贝波的形成机制。

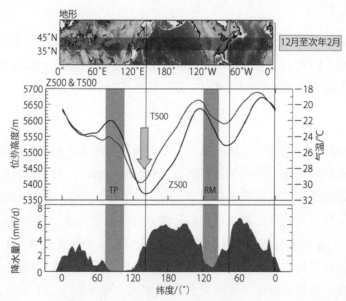

图 2-22　北半球冬季（12月至次年2月）中纬度（35°N～45°N）500hPa 的
高度（气压）分布、温度分布和降水量分布

　　首先设定将二维运动的简化涡度方程[式（2-27）]运用于有厚度的大气层中。假设平均的大气层的密度 ρ 不变，大气层厚度为 h，则质量守恒方程（连续）如式（2-35）所示，

$$
\begin{aligned}
&\frac{\partial h}{\partial t}+\frac{\partial (hu)}{\partial x}+\frac{\partial (hv)}{\partial y}\\
&=\frac{\partial h}{\partial t}+h\left(\frac{\partial u}{\partial x}+\frac{\partial v}{\partial y}\right)\\
&=\frac{\partial h}{\partial t}+h\,\mathrm{div}V=0
\end{aligned}
\tag{2-35}
$$

将式（2-27）代入式（2-35），我们得到，

$$
\mathrm{d}\left(\frac{f+\zeta}{h}\right)\mathrm{d}t=0
\tag{2-36}
$$

　　这个方程称为涡度守恒方程（或称位涡），它是当有厚度的大气（流体）层变化时，单位面积的平均涡度如何变化的方程。换句话说，由于山脉凸凹的存在，其上面的大气气柱（非压缩流体）伸缩大气层厚度 h 发生变化时，方程式表述了大气层的涡度是如何变化的。

　　我们来考虑西风越过山坡斜面的情况，如图 2-23（a）所示。在图 2-23（b）中，假定沿着风的流向 h 的变化是 Δh，上风坡斜面上的 $\Delta h<0$，$\Delta(f+\zeta)<0$，如果纬度变化（f 的变化）不是很大，$\Delta\zeta<0$，高气压变强。越过山脊在背风坡斜面上，$\Delta h>0$，$\Delta(f+\zeta)>0$，由于南下运动，相对涡度 $\Delta\zeta$ 的增加量超过 f 的减少量，在山脊背风侧形成低气压环流（低压槽）。离开山坡后，由于气流北移，f 增大，使 $\Delta\zeta<0$，形成高气压环流。从原纬度再往南，$\Delta\zeta>0$，形成低气压环流，从而在山体的下方形成波浪流（有衰减），这是由地形激发的定常罗斯贝波，其波长和振幅随山体的规模和西风的强度而变化。

　　接下来让我们考虑东风吹到山体时的流动情况[图 2-23（c）]。如果图 2-23（c）中的（上）$\zeta=0$ 的气流略微偏北吹到斜坡上，$\Delta(f+\zeta)<0$，但由于 f 的增大，$\Delta\zeta<0$ 这一项的下降幅度更大，高气压成分增强，导致气流被山坡地形反射的流向，如图 2-23（c）所示。另外，图 2-23（c）中的（下）如果气流略微偏南，即正的 ζ 吹到山坡上，则坡上的 $(f+\zeta)$ 由于流向偏南，f 和 ζ 都会减小，流向到达山脊时就会变成高气压环流。然后，当气流下坡时，它会转向北方，f 和 ζ 也会有增加的趋势，高气压环流突然减弱，越过山脉后，气流恢复到 $\zeta=0$，背风侧的波动不会形成罗斯贝波。

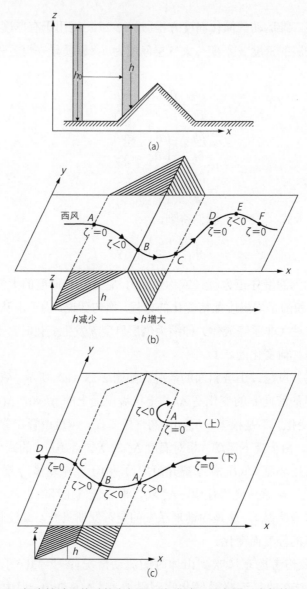

图 2-23　气流越过山体时的大气层（定常波）示意图（岸保等，1982）

(a) 大气层越过山体时的垂直断面示意图；(b) 西风时的蜿蜒流向状态；(c) 东风时的蜿蜒流向状态

图 2-22 所示的北半球冬季中纬度地区西风带的定常波型可以理解为喜马拉雅山脉或落基山脉激发的定常罗斯贝波。但实际上，关于罗斯贝波的激发，不仅要考虑山脉地形造成的正压力学效应，还要考虑由陆地的寒冷和海面的温暖引起的冷热源分布造成的热力学效应。例如，如图 2-24 所示，冬季

欧亚大陆东岸的对流层中层的定常波的高低气压（气压的槽和脊）与地面附近的高低气压（如西伯利亚高压和阿留申低压等）之间的相位差异就是由于这些热力学效应的重叠。这些由大型山脉地形造成的大气环流形式已通过使用大气大环流模型（GCMs）进行的数值实验加以再现（Manabe and Terpstra，1974）。

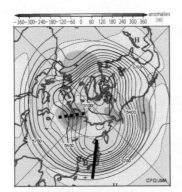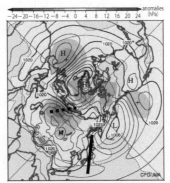

图 2-24　北半球冬季（12 月至次年 2 月）的平均高度（气压）分布图

（左）500hPa 高度分布，（右）地面气压（2011 年 12 月～2012 年 2 月）。两张图都标识了
欧亚大陆 500hPa 的气压槽（实粗线）和气压脊（虚粗线）

在西风带较强的冬季中纬度地区，虽然纬度相同，但大陆的东岸寒冷而西岸较暖，这种大的气候差异的原因正是大型山脉的力学效应（如位于 40°N 大陆东岸的秋田 1 月平均气温为 0℃，而位于大陆西岸的里斯本 1 月平均气温为 11℃）。因为由青藏高原和蒙古高原激发的定常罗斯贝波的高压脊位于大陆上空，而低压槽位于北太平洋上空，所以大陆北部（西伯利亚）的寒流很容易抵达日本附近，北太平洋上形成的低压槽，则把比陆地相对温暖的气流输送到欧洲。

由式（2-34）可以推断，图 2-22 和图 2-24 所示的定常罗斯贝波的形状根据西风强度、山脉地形的位置和大小（宽度）而变化。它还受到热力学过程的影响，如大陆和海洋之间温度的差异，以及热带地区大规模对流天气的影响（3.6 节）。究竟空间尺度的罗斯贝波会在多大强度（振幅）时被激发，这是一个重要的课题，它与我们日常的天气预报、季节天气预报、气候的年际变化，以及对冰川期等长期气候变化的机制密切相关（第 3 章）。

2.5 大气的热源（冷源）气候学

2.5.1 大气的非绝热加热率（Q_1）和潜热加热率（Q_2）

如图 2-8 所示，大气实际上的加热或冷却是由太阳辐射、红外辐射、来自地表的感热和对流运动释放的潜热的总量决定的，这个量称为大气的绝热增温（adiabatic heating），大气环流系统就是在这个量的平衡下形成的。换句话说，这个量的时空分布是决定实际的大气环流和气候形式的重要物理量。这个量可以定义为大气位温（potential temperature）的实质上的变化。柳井（Yanai，1961）对这个量的定义如下：

$$Q_1 = C_p \left(\frac{p}{p_0} \right)^\kappa \left(\frac{\partial \theta}{\partial t} + V \cdot \nabla \theta + \omega \frac{\partial \theta}{\partial p} \right) \tag{2-37}$$

在非绝热加热量中，由于水蒸气凝结而释放的潜热量是将水蒸气量的实际变化乘以潜热系数而得到的量，其定义为下式：

$$Q_2 = -L \left(\frac{\partial q}{\partial t} + V \cdot \nabla q + \omega \frac{\partial q}{\partial p} \right) \tag{2-38}$$

自柳井（Yanai，1961）的定义以来，从上变量分别被命名为 Q_1 和 Q_2。在热带和季风区等积雨对流活跃的地区和季节，Q_2 是大气加热的重要组成部分，对它的估算对我们讨论水行星地球的气候是至关重要的。

2.5.2 Q_1 和 Q_2 的季节性变化

我们从 Q_1 和 Q_2 的全球空间分布及其季节性变化能够很容易地看出，来自太阳的能量是如何通过地球表面的大气-海洋相互作用、大气-陆地相互作用和地表的山脉地形等来加热（或冷却）大气的，从而形成了我们现实中的气候（Yanai and Tomita，1998；Wu et al.，2009）。图 2-25 左（a）和右（b）的 4 个图，分别是北半球夏季和冬季大气气柱 Q_1 和 Q_2 的整层积分的全球分布，是同一季节作为云量指标的向外长波辐射（OLR）以及降水量的全球分布情况。从这些图中可以看出，受地表条件和水汽含量的影响，整个大气的加热和冷却的分布情况高度依赖于海洋和大陆的分布，这与辐射平衡（图 2-9）中的主要南北分布形成了鲜明的对比。

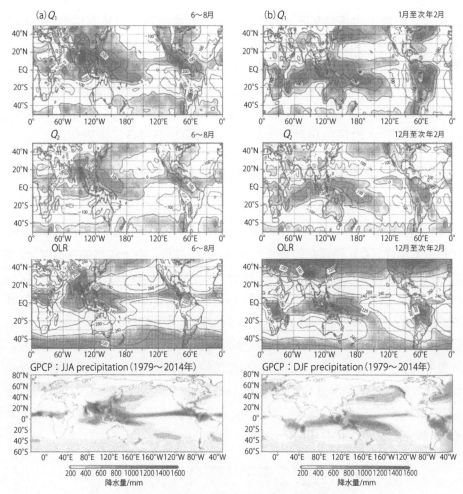

图 2-25　北半球（a）夏季（6～8 月）和（b）冬季（12 月至次年 2 月）的 Q_1、Q_2 和 OLR 的全球分布（Yanai and Tomita，1998）

实线表示正值，虚线表示负值。GPCP 为全球降水分布

　　在夏季半球（南半球为 12 月至次年 2 月，北半球为 6～8 月），总体上呈现出陆地加热升温、海洋冷却降温的趋势。海洋上亚热带地区的东西部差异较大，大陆东岸、赤道至亚热带海洋在整个夏季和冬季都呈现出明显的冷却趋势。而在热带区域，沿着赤道辐合带，有一个大的 Q_1 分布区，特别是从南印度洋到西太平洋的加热非常大。在南半球的夏季[图 2-25（b）]，加热源的中心位于南美洲亚马孙河流域和印度尼西亚群岛附近，而在北半球的夏季[图 2-25（a）]，从印度次大陆到东南亚，西北太平洋的亚洲季风区的大气加热（2.6 节）是全球最

大的热源。有意思的是，非洲大陆北部，也就是撒哈拉沙漠所在的地方，尽管位处亚热带区域，但全年包括夏季的 Q_1 都是负值（冷却），这与其他陆地区域形成了鲜明的对比（2.5.3 节）。这表明，即使在同一大陆，植被的存在和反照率的差异也会显著地改变大气的加热（冷却）状态。如图 2-15 所示，热带地区的印度洋和西太平洋，全年海面水温较高，在 30℃ 左右，Q_2 的分布表明，来自海面蒸发的水汽供应和对流活动引起的潜热加热发挥了主要作用。

2.5.3 从 Q_1 和 Q_2 中看到的区域性气候的特征

接下来，根据 Q_1 和 Q_2 的垂直分布及其季节性变化，讨论图 2-26 所示的地球上一些气候带的特点。首先，可以看出地球上降水量最多的亚马孙河流域（B）和西热带太平洋（C）等湿润的热带气候区（图 2-27），由于南北半球的差异，B 区域的雨季高峰是 12 月至次年 2 月，旱季是 6~8 月；C 区域的雨季高峰是 6~8 月，旱季是 3~5 月。然而，尽管存在陆地和海洋的差异，但雨季高峰期的 Q_1 和 Q_2 的大小与分布形式几乎一样。在这些区域的雨季，积雨云的对流活动非常活跃，能够抵达对流层上层，Q_1 和 Q_2 的垂直分布表明，通过对流活动中的凝结过程，对流层中部和下部在 Q_1~Q_2 范围内，凝结的潜热加热（Q_2）几乎可以解释 Q_1，通过积雨云的对流活动释放出的潜热加热的空气垂直运动，很强地加热了对流层中、上层的空气。在旱季，虽然 Q_1 很小，但它是弱正值（加热），其中大部分能用 Q_2 来解释，说明这时的积雨活动很弱。

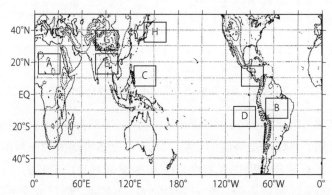

图 2-26 经过调查了的 Q_1 和 Q_2 垂直分布在不同区域引起的不同的气候特征
（Yanai and Tomita，1998）

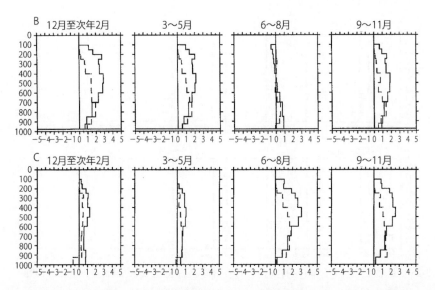

图 2-27　热带湿润气候带的 Q_1 和 Q_2 的垂直分布及其季节性变化（Yanai and Tomita，1998）

实线表示 Q_1，虚线表示 Q_2，单位为 hPa（纵轴），和 K/d（横轴），B 亚马孙河流域，C 西热带太平洋

　　让我们把目光转向亚热带地区。在北非撒哈拉沙漠地区（A），Q_1 在对流层最下层为正值（加热状态），但在其上的对流层全部都为负值，而 Q_2 接近 0。这表明只有靠近地表的大气层被沙漠的感热加热，但这以上的整个对流层全年都在进行辐射冷却。

　　南太平洋东部（D）（图 2-28），低海面温度是由秘鲁沿岸上升的寒流和造成的，在这里，除了海面附近，整个对流层的 Q_1 都是负值（冷却），而且其季节性变化很小。虽然海洋表面附近由于强烈的太阳辐射而被感热加热，但整个对流层的云量很少，说明辐射冷却是主要的。有趣的是，Q_2 在对流层最下层（800hPa 以下）呈现很大的负值分布，这表明海面蒸发非常活跃。这种分布可以解释为，这一带全年都被副热带高压覆盖，下沉气流盛行，对流层整层普遍盛行下沉气流和辐射冷却。

　　区域 E、F、G、H 都是季节变化较大的季风区，这些区域的 Q_1、Q_2 分布将在下一节讨论。

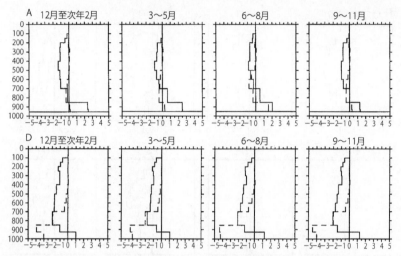

图 2-28　亚热带地区 Q_1 和 Q_2 的垂直分布及其季节性变化（Yanai and Tomita，1998）

A 北非撒哈拉沙漠地区和 D 南太平洋东部（单位与图 2-27 相同）

2.6　季风气候的形成

2.6.1　由陆地和海洋之间的加热量差引起的大气环流

除 2.2 节中讨论的南北温差外，大陆和海洋造成的温差在现实中的全球气候的形成中也发挥着重要作用，上一节（2.5 节）讨论的 Q_1 和 Q_2 的分布也明确地说明了这一事实。大陆和海洋之间温度分布的季节性差异造成了位于其上面的大气层的温度分布的差异。在北半球的夏季，中低纬度上空的大气比海洋上空的大气升温更强烈，于是陆地上空的大气气柱膨胀。由于静力平衡，膨胀了的大气气柱上端的等压面高度变得高于周围海洋的等压面高度，这种大的压力梯度使得空气在大气层上层向周围发散分流，在大气下层汇聚。如图 2-29 所示，大陆和海洋之间形成了由水平气温差引起的大气环流。在这种情况下，积云对流的加热效果也发挥着重要作用，Q_1 和 Q_2 的分布如图 2-25 所示。

在北半球的夏季，欧亚大陆（南部）和北美大陆（南部）上空的大气被加热，导致大陆表面附近的低气压和周围海洋上空的高气压。相反，在冬季，大陆的降温比海洋的降温更强烈，导致近地表的气压高，海洋上空的气压低。这个由大陆和海洋之间的气压差引起的大气环流中，从地面到对流层下层的风系被称为季风（monsoon），之所以被称为季风，是因为它在夏季和冬季之间的风向几乎是季节性的逆转。让我们来研究一下北半球夏季（6~8月）和冬季（12月至次年2月）的气压分布和风系。

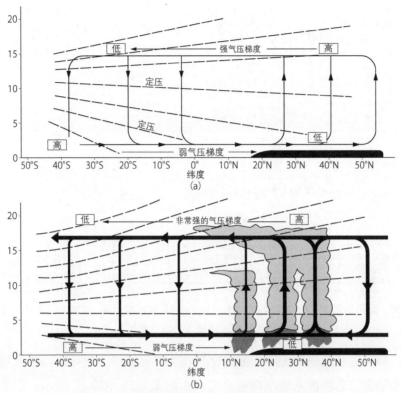

图 2-29　没有积云对流的情况（a）和有积云对流的情况（b）的
季风环流系统的差异（Webster，1987）

图中表示的是印度次大陆（也称南亚次大陆）的南北横断面

图 2-30 为北半球夏季的地面气压和对流层上部（200hPa）的位势高度分布。想象一下哈得来环流我们会知道，赤道附近的地面是低气压，副热带是高气压，实际上南半球基本上是这样的气压模式。在对流层上部，从赤道到中纬度的整体位势高度下降，这表明哈得来环流的存在。而在北半球，低气压位于副热带的大陆南部上空，副热带高压只在海洋上空明显存在。气压中心位于海洋的东部，这是因为由海洋上空垂直气流的东西差引起的斯韦德鲁普平衡[式（2-19）]在大气中也是成立的。

特别是以印度次大陆北部为中心的亚洲南部的地面低气压很大，被称为亚洲季风槽。在对流层上层，有一个以印度北部和青藏高原为中心，从北非到东亚的东西方向延伸的很大的高气压区域，这就是所谓的青藏高压或南亚高压。关于地面风系，很明显，南印度洋的高气压越过赤道向南亚的低气压区域刮西南季风，而在对流层上部，从青藏高压向赤道形成了负的气压梯度，因而产生了以印度次大陆上空为中心的偏东强风带。北美大陆南部（墨西哥）气压分布是，地面是

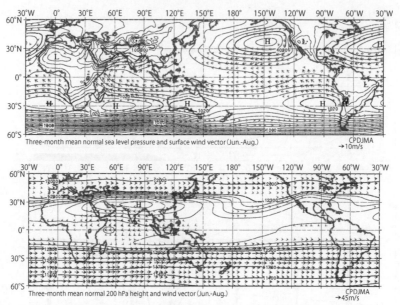

图 2-30　北半球夏季（6～8 月）的地面气压（上），对流层上部（200hPa）（下）的
高度分布和盛行风向量（日本气象厅）

低气压，高空是高气压，大陆上面的空气被加热而形成大气环流，但其规模远
比亚洲大陆上空的环流系统小得多，其大小如图 2-25 中的 Q_1 所示。在北非，
撒哈拉沙漠地区的地面气压是低气压，上空是高气压，但这些气压的分布非常
弱，似乎是亚洲区域的一部分。从图 2-28 可以看出，地面附近的大气加热也是
有限的。

　　以上是我们介绍的季风气候的基本机制，从图 2-30 和图 2-31 中地面和对流
层上部的气压（高度）分布可以看出，亚洲的季风环流比北美洲和北非上空的季
风环流明显得多。为什么强季风只存在于亚洲？下面，我们将更详细地介绍亚洲
季风的机制及其在全球气候系统中的作用。

2.6.2　青藏高原对夏季亚洲季风的热力效应

　　在平均海拔高达 4000m 的青藏高原上，由于大气层很薄，通过大气的太阳辐射
的衰减小，因此夏季地表吸收的太阳辐射能远比海拔低的地区强烈得多，导致地表
温度非常高，这就使得青藏高原的红外辐射和感热对大气的加热要比同纬度的低海
拔地区大得多，因此大气的温度要比同纬度的自由大气的温度高。青藏高原是一个
东西延伸约 2000km、南北约 1000km 的广阔高原，被认为对北半球夏季的大气层的

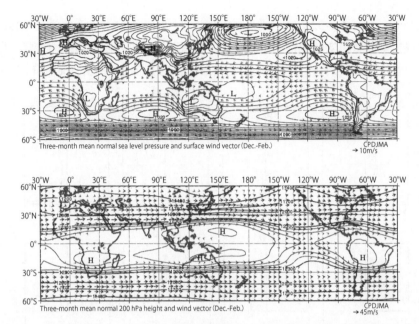

图 2-31 北半球冬季（12～2月）的地面气压（上）和对流层上部（200hPa）（下）的
位势高度分布（日本气象厅）

加热起着重要作用。亚洲大陆上空的大气的加热对亚洲夏季季风的形成很重要，我们可以想象，这个位于大陆南边几乎中央位置的青藏高原，对其周围大气的加热尤为重要。如前所述，我们可以从大气的非绝热加热率的分布上更清楚地看到这一点。

那么，让我们来看看青藏高原上 Q_1 和 Q_2 的季节性变化（图 2-32 下部的 G）。在季风来临前的 3～5 月，从地表（700hPa 左右）到整个对流层，已经有一个很大的正 Q_1，但 Q_2 几乎没有。在夏季季风期间（6～8 月），高原上空的垂直剖面图显示，与季风前相比，Q_1 从地表发展到对流层上部，而 Q_2 也在这一时期增加。但从空间分布（图 2-25）看，虽然整个青藏高原上 Q_1 的值都比较大，但它只是在高原上，而 Q_1 的极大值区域出现在孟加拉湾北部，从垂直分布（图 2-32 中的 E）也可以看出，不仅仅是青藏高原的大气加热，从孟加拉湾到青藏高原的广大区域的大气对流导致的大气加热也是亚洲季风形成的原因。也就是说，季风来临前的大气加热是由青藏高原表面的感热加热引起的，随着这个大气加热的季节性推进，进入季风季节后，随着来自南边的水汽的流入，青藏高原及其南侧的大气对流活动加剧，凝结潜热对季风季节大陆附近的大气加热和高温有很大贡献。

然而，这一事实并不能否定青藏高原在大气加热中的重要性，青藏高原存在的本身在塑造季风环流这一季节性的环流方面是非常重要的，青藏高原的存在起到了在季风季节之前对图 2-32（E）的孟加拉湾附近区域的大气加热和对流活动增强的作用。气候模型的数值实验也证明了这一点，将青藏高原被移除的情况与青藏高原存在的情况进行了比较，得出了一样的结论（Hahn and Manabe，1975；Abe et al.，2003）。

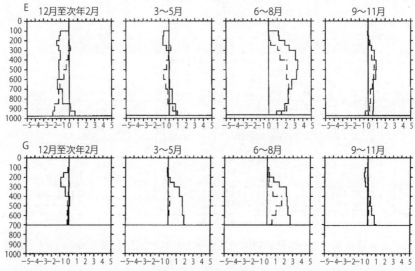

图 2-32　孟加拉湾（E）和青藏高原（G）的 Q_1 和 Q_2 的垂直分布及其季节性变化

（Yanai and Tomita，1998）

最近的热带降雨观测卫星（TRMM）的观测结果和高分辨率气候模型的数值模拟表明，释放巨大潜热的对流和降水活动，更加集中在喜马拉雅山脉的边缘和缅甸附近的沿海山脉，而不是在高原上面，从印度洋刮来的潮湿的对流不稳定气流，遇到又高又长山体的屏障，从而引发了积云对流，大尺度的对流活动在山脉南侧被激发，有学者指出，喜马拉雅-青藏高原本身的"屏障效应"更加重要（Xie et al.，2006；Boos and Kuang，2010）。

无论如何，喜马拉雅-青藏高原地表感热和对流活动的热力学效应，对亚洲季风的形成起着重要作用，而亚洲季风在很大程度上主导着北半球夏季的气候。

2.6.3　亚洲季风与副热带高压——β 效应对东西非对称气候强化的作用

东亚地区的盛夏，其特征就是太平洋高压的增强。与此同时，南亚、东南亚地区则处于季风活跃期，持续着雨季。从季节的时间进展来看，夏季太平洋高压的加强与亚洲季风的形成和加强相吻合。换句话说，对于以大陆区域上空为中心的亚洲季风环流和太平洋上空的副热带高压的形成与维持，从力学角度上来讲，两者是密切相关的现象。

2.6.1 节中所述的与大陆（大洋）尺度上的加热和冷却有关的低层的低气压（高气压）和对流层上层的高气压（低气压），它们的中心位置都在亚热带，其东西和南北的尺度都很大，从几千公里到 1 万 km 不等，如图 2-30 所示。由于地球自转效应而产生的科里奥利力在这种大尺度气压分布相关的风中发挥着重要作用。在自转的地球上，如果不考虑地面摩擦力的影响，可以近似地认为大气环流是由（温度分布不均衡而引起的）压力分布（p）和科里奥利力之间的平衡关系而产生的[式（2-23）]。夏季在欧亚大陆和北太平洋的对流层下层，大陆一侧为低气压，海洋一侧为高气压，所以在大陆南部以地转风的形式刮南风（即季风），由于科里奥利系数 f 随着纬度变高而增大，从式（2-23）可知，在气压梯度力相同的情况下，随着纬度变高，南风分量 v_g 越往高纬度刮越弱。与之相反，北风分量越往低纬度刮越强。科里奥利系数 f（$=\mathrm{d}f/\mathrm{d}y \equiv \beta$）的纬度变化引起的地转风的变化对大气环流的力学影响称为 β 效应，它对中纬度西风带的弯曲走向和赤道附近的波动的形成都起着重要的作用（2.4.1 节）。

由于这种 β 效应，低层的低气压东侧的强劲南风随着北上，其运动会减弱，从而辐合加强。而在对流层上部青藏高原高气压的东（西）侧，与下层完全相反，东（西）侧发散（收束）增强。因此，如图 2-33 所示，青藏高原高气压的东（西）侧的上升（下沉）更为增强。换句话说，亚洲大陆上空非绝热加热导致的大气下层和上层之间的大气环流由于 β 效应引起的斯韦德鲁普平衡（见 2.3.2 节），如图 2-33 所示，会伴随着亚洲大陆东面上升气流增强，即对流活动和降水增强，强化了季风。另外，在大陆西侧，盛行的下沉气流增强了干旱和沙漠气候（Wu et al.，2009）。

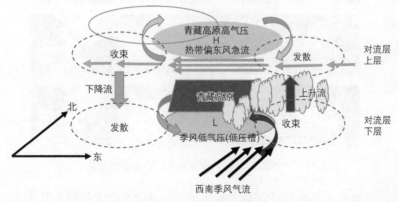

图 2-33　由大气层的非绝热加热（冷却）引起的大气环流东西方向的上升和
下沉气流增强的示意图

亚热带高气压在季节平均、东西方向平均的南北分布状态，可以理解为在哈得来环流的下沉区域里形成的地表高气压。但实际上，夏季和冬季是截然不同的，与夏季季风相对应，夏季高压在海洋上，冬季则以陆地为中心。换句话说，由于夏季海洋上的气温低于大陆，海面上是高气压，其高空则是低气压（图 2-29），大陆则完全相反，盛行着海洋的副热带高气压的东（西）面下沉（上升）气流。由于这样的海陆分布引起的大气的加热（冷却）的分布差异，加上 β 效应，在亚热带地区的大陆或海洋的东西两侧形成了对照鲜明的气候。

2.6.4　亚洲季风与热带大气海洋系统

说到这里，有些人看着图 2-25 和图 2-32（E）中 Q_1 和 Q_2 的分布情况，可能会感到疑惑，为什么亚洲季风区域的夏季的大气加热不仅延伸到青藏高原，而且还延伸到孟加拉湾和菲律宾周边的热带太平洋的西侧？如图 2-34 所示，该热带海域是热带唯一的也是最大的"暖水池"，其海面水温高达 28℃以上，所以有着大量的来自海面的水汽供应，经常容易发生大规模的积雨对流运动，使得这一带成为地球大气的热源中心区域。

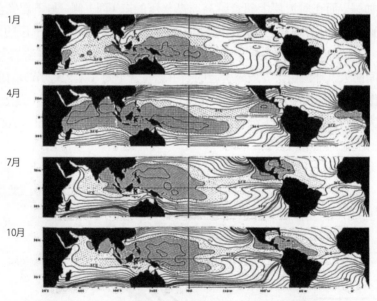

图 2-34　全球海洋表面温度（SST）的季节性变化

那么，更加令人不解的是这个"暖水池"又是怎么形成的呢？其实上，这也是因为受到了青藏高原的力学和热力学影响，这一结论已经在有青藏高原和无青藏高原的大气-海洋气候模型（C-GCM）实验中被清楚地验证了（Kitoh，2002；Abe et al.，2004）。换句话说，青藏高原的存在改变了大气环流，大气环流又对海洋产生影响，其结果是在北太平洋上空形成了一个强大的高气压区域，然后从该高气压吹向赤道的偏东风（贸易风），造成赤道太平洋东部的海面蒸发，从而形成海面低温，产生了更强的高气压区域。因此，赤道太平洋上空形成东西气压差异，使得沿着赤道的东风也随之加强。这个东风把原位于赤道附近的在强烈的太阳辐射作用下升温的表层海水，吹到热带太平洋西部区域，形成"暖水池"。同时在赤道太平洋东部，该东风引起赤道周边的海水涌升海流，使得海面表层成为冷水层。通过这种沿着赤道的大气-海洋的相互作用，在赤道太平洋沿线维持并形成了东西差异很大的海域水温和大气环流。

青藏高原附近季风环流与太平洋高气压的动态耦合，稳定地维持着亚洲季风和热带太平洋西部的"暖水池"。热带太平洋区域的大气-海洋相互作用的变动之一是厄尔尼诺-南方涛动（El Niño-Southern Oscillation，ENSO）。ENSO 与亚洲季风之间的关系我们将在第 3 章（第 3.5 节）详细讨论。

2.6.5　亚洲季风与沙漠气候

我曾经在季风季节从印度的新德里飞往巴基斯坦的卡拉奇。在距离新德里上空不远的地方，被积雨云笼罩，造成季风降雨，云层突然分开，眼下已是被厚厚的灰尘覆盖着的巴基斯坦的沙漠。这种变化是戏剧性的，从夏季季风季节的降水量分布（图 2-25）也可以看出，该地区的云量（降水量）的巨大差异。哲学家和辻哲郎在其代表作《风土》（岩波文库，1979）中，将人类存在之构造上的契机分为季风、沙漠、牧场三类风土类型。这个想法来自他当年赴德国留学时，从日本经由新加坡、印度、苏伊士运河到欧洲的船程旅途中的体验，东南亚和南亚潮湿的季风气候在离开印度后突然变成沙漠地带，紧接着进入地中海后，又变成欧洲的温和气候。

确实，亚洲季风的湿润区域一直延伸到青藏高原的东南部，与此相反，在高原的西部和西北部，有一大片干燥的沙漠气候，紧挨着这片湿润地区。这个区域不仅包括中东和阿拉伯半岛，还包括了远方的非洲大陆北部的撒哈拉沙漠。

对于由青藏高原的存在而引起的东部季风气候和西部干旱气候的形成机制的研究，其历史相当悠久。印度气象学家 P.Koteswaram 首先指出了这种东西部气候的明显差异可能与青藏高原的存在有着密切关系，他指出，季风季节青藏高原南部上空形成的热带偏东风急流是关键所在（Koteswaram，1958）。

如图 2-30 所示，夏季季风期间，在青藏高原附近，青藏高压形成于对流层上层，其南缘的热带偏东风急流形成于东南亚至阿拉伯半岛直到北非上空的东西方向的区域。因此，东风在靠近急流入口的东南亚上空加速，在靠近出口的北非上空减速。气流在加速区域发散，在减速区域汇聚，根据空气的质量守恒原理，在加速区域，气流从对流层底部往顶部上升（即向上流动），相反地在减速区下沉气流增强。例如，Yang 等（1992）的研究所述，形成了以印度次大陆为中心、东南亚地区上升、北非下沉的热带东西环流，这是季风与干旱（沙漠）这两种相反的气候形态比邻而居的重要原因。

Koteswaram 和 Yang 所描述的这种结构在一定程度上可以用前面描述过的 Wu 等（2009）的青藏高原周边地区上下层大气环流耦合的动力效应来解释（图 2-33）。Rodwell 和 Hoskins（1996）通过观测数据分析和数值模拟实验发现，在以东南亚为中心的季风区域，强大的大气加热和上升气流与其西北侧（青藏高原上空）的定常罗斯贝波的响应，形成了高气压区，在这个高气压的西侧，由于与偏西风相互作用导致了下沉气流增强的可能性。轨迹（trajectory）分析显示，下沉气流基本以中纬度偏西风的干空气的流入为主，正因为如此，辐射冷却也有效地发挥作用，更加增强了下沉气流。Rodwell 和 Hoskins（1996）对季风和沙漠气候结合的说明解释了目前从亚洲西南部到北非部分地区广大的沙漠气候的原因，但是从实际观测数据与他们的上升和下沉气流的数值实验比较的分布可以看出，他们提出的机理可以很好地解释青藏高原以西的中亚沙漠气候，对于再往西边扩散的干旱气候的定量解释，需要考虑加上干燥空气造成的辐射冷却的影响。

从以青藏高原之印度次大陆为中心的大气加热所引起的季风环流（低层大气中的季风槽和高层大气中的青藏高压），对以印度次大陆为界限的这种东西对照的气候分布的形成起了重要作用，这一现象在很大程度上可以解释图 2-33 所示的 β 效应的影响。此外，Wu 等（2009）指出，青藏高原位于广袤的欧亚大陆东部这一事实，加强了大陆尺度（海陆之间加热量的明显对比）的这一相同的效果，而在北美洲和南美洲，落基山脉和安第斯山脉位于大陆西侧，山地尺度的 β 效应和大陆尺度的 β 效应至少对东侧的陆地起着相互抵消的作用，因此北美洲和南美洲的湿润季风（和内陆干旱气候）相对较弱。

上述的力学考察，让我们明白了青藏高原的不同高度对东西部的干湿气候有影响。大气-海洋耦合气候模型的数值实验也可以证实这一点（Abe et al.，2005）。

图 2-35 为欧亚大陆中纬度地区（35°N～45°N）在没有青藏高原的情况下（M_0）
逐渐升高（如 M_8 为现实高度的 80%）到现实高度（M）时，各高度降水量在东
西向横断面（横轴）的分布和季节性变化（纵轴）。青藏高原所在的经度为 70°E～
90°E。在 M_0 的情况下，包括季风季节在内，东西部没有明显的差异。假设青藏
高原几乎处于目前的高度 M_8 时，形成了非常明显的东西向分布，特别是在季风
季节（6～9 月），高原东部显示超过 5mm/d 降水量的湿润气候，西部则是小于
5mm/d 降水量的干燥气候，形成了非常明显的东西向分布，高原高度变化的影响
到达 40°E 左右，这里能看到很明显的东西向变化。

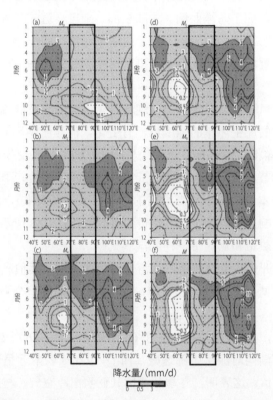

图 2-35　在没有青藏高原的情况（a）（M_0）逐渐升高高度（如 M_8 为现青藏高原高度的 80%）
到现高度（M）（f）时，各高度下欧亚大陆中纬度（35°N～45°N）降水量分布的
东西断面（横轴）的分布和季节性变化（纵轴），黑框表示青藏高原区域（Abe et al.，2005）

　　再看一下从阿拉伯半岛到撒哈拉沙漠的辐射平衡，地表的沙漠已接近反照率
大的白色，所以对太阳光的反射大，加上大气干燥，辐射冷却强烈，即使在夏季，
由于大气的冷却，以下沉气流运动为主[图 2-9（b）]。换句话说，除上述青藏高

原的力学效应外，荒漠化的正反馈也进一步增强了沙漠气候。然而，我们如何解释撒哈拉沙漠的形成原因？如何解释在大约 8000 年前的气候温暖期（climatic optimum）曾出现过的"绿色撒哈拉"？而且当时的亚洲季风更加强劲。这些问题依然存在。

2.6.6　日本附近的季风

最后，简单介绍一下我们生活的日本列岛的季风特点。日本列岛是东亚的一部分，但位于欧亚大陆的东侧或北太平洋的西岸，与大陆隔着日本海和东海。海洋表层的风生环流形成了海洋西侧（大陆东部）来自赤道的暖流和海洋东侧（大陆西部）来自极地的寒流，加上与大陆上的季风环流共同作用，对形成和强化东西不同气候起着重要的作用。黑潮洋流和黑潮洋流的支流——对马海流在日本列岛周围流动。

大气环流的季风环流会发生季节性逆转，夏季大陆上空低气压，冬季大陆上空高气压，而海洋的风生环流的强度虽然有变化，但洋流循环的方向全年不变。因此，与大气-海洋相互作用有关的大气与海洋之间的热量交换，在海洋的东侧和西侧有很大的季节性变化，这就导致了气候的东西分布及其季节性变化的多样性。我们生活的日本列岛位于亚洲大陆的东侧（太平洋西岸），由于受南来的季风气流和暖流的影响，夏季盛行南来的暖湿风，加上图 2-33 所示的力学效应，夏季日本的气候是像热带和亚热带一样的湿润气候。

但在冬季，亚洲大陆上空的季风环流会在地面上形成西伯利亚强高气压，如图 2-31 所示。由于青藏高原的力学效应，在日本上空形成一个强冷槽（低气压），如图 2-24 所示。

值得注意的是，冬季日本附近 Q_1 和 Q_2 的分布（图 2-36），Q_1 在地表呈现出正的最大值，并逐渐向对流层中部递减，而 Q_2 也在地表附近呈现出最大值，但在地表附近却是负值。这表明，冬季从西伯利亚吹出冷空气，与之相伴的是从温暖的海面活跃地向大气提供的感热和潜热（蒸发）。如图 2-37 所示，海面蒸发量最大的水汽在日本海一侧形成的条纹状的雪云，以日本一侧为中心在日本列岛附近下大雪。从这张图可以看出，来自西伯利亚的强冷空气与来自热带的黑潮、对马海流的相互作用，形成了日本海一侧的豪雪区域，这种气候在世界上也是罕见的。

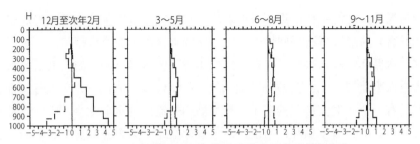

图 2-36　日本周边 Q_1 和 Q_2 的垂直分布及其季节性变化
（Yanai and Tomita，1998）

图 2-37　日本海一侧 2017 年 1 月 14 日冬季大雪时的云量分布图，
气象卫星"向日葵 8 号"的可见光图像（日本气象厅）

2.7　气候与生物圈的相互作用——决定地球气候的另一个重要因素

2.7.1　生物圈、对流层、平流层的耦合作用与水循环

我们在 2.1 节中已经提到，在地球大气的垂直构造中，通过地球表面生物的光合作用活动提供 O_2，从而形成臭氧层，特别是对平流层和对流层中的形成起着重要作用（图 2-4）。另外，平流层中臭氧层的形成，过滤了对生命有危害的紫外线，对维持生物圈有着很大的贡献。平流层和对流层形成的另一个重要过程是水

的保持与循环，这对生命很重要。地表蒸发和植被蒸腾产生的水蒸气形成云，并以雨（或雪）的形式再次返回地表，然后这些水又用于光合作用等，对流层中维持着这种水循环过程。水分子在紫外线的照射下很容易分解，如果大量的水蒸气或水滴进入平流层，水就会被分解成氢气和氧气，地球表面的水就会逐渐流失，但对流层有一个叫对流层顶的盖子，使得漏到平流层的水非常少，所以地表和对流层之间能够维持着水循环。据说，地球型行星之一的金星以前是有水的，但现在几乎没有了，这是因为水分子被强烈的紫外线分解成氢气和氧气，较轻的氢气逸出金星大气层逃往宇宙太空了。地球很幸运地有一个稳定的平流层，使积雨云等对流云保持在对流层内，从而在对流层内形成一个封闭的水循环系统。蒸发凝结成云的水分子总是以雨（或雪）的形式回到地球表面，所有的生物都依靠这种水生存。可以说，生命通过维持在地表和对流层之间的闭合的水循环来保障生命自身的水需求。

2.7.2　通过水循环实现的植被与气候的相互作用

首先，我们来看看目前世界上植被和年降水量的分布情况（图2-38）。气候决定植被，这是地理学和生物学（生态学）的常识。根据这一事实，活跃在19世纪末20世纪初的气候学家 W. P. Koppen 总结出了植被-气候分布。Koppen 和 Geiger 认为温度和降水是决定植被差异的因素，并由此发展了气候分类法，其可以解释世界上植被的分布。图2-39为图2-38所示的世界主要植被类型所对应的年平均气温和年平均降水量，可以看出，世界上的植被类型（森林、草原、沙漠等）与这两个气候要素的组合大致对应。问题是，这种关系是否是单向的，即气候因素是否决定了植被种类？换句话说，气温、降水等气候因素是否也会受到植被的影响？一些研究已经指出了植被对全球气候的影响（Meir et al.，2006；Bonan，2008）。在此，我们根据最近在欧亚大陆和东南亚几个植被区的观测和气候模型研究来考虑这个问题。

地球上的植被在气候中的作用之一是植物通过光合作用过程吸收二氧化碳。陆地表面的森林比例约为30%，其中北方森林占30%。根据目前森林生态学对森林生产量的估算量，加上地球表层包括海洋、浮游生物等在内的光合作用产生的总产量，估计地球表层吸收的二氧化碳量中约有60%来自森林，森林在地球表面碳平衡中发挥着非常大的作用。特别是森林本身以木质材料的形式储存碳，地球表层存在的碳总量中约有50%是以森林的形式储存着。

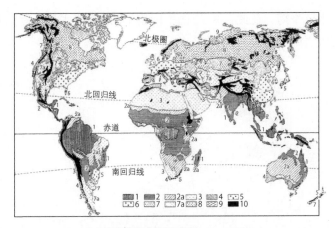

（a）世界植被分布图（Walter，1973）

1：热带雨林　2：热带和亚热带的半常绿森林　2a：热带和亚热带稀树草原、灌木林等

3：热带和亚热带地区的沙漠和半沙漠　4：冬雨区半绿化硬叶林　5：暖温带常绿阔叶林

6：寒温带夏绿阔叶林　7：温带草原（草原、大草原、潘帕斯草原）　7a：冬季寒冷的沙漠和

半沙漠（包括青藏高原）　8：北半球北方针叶林（泰加林）　9：冻原　10：阿尔卑斯山和其他高山植被

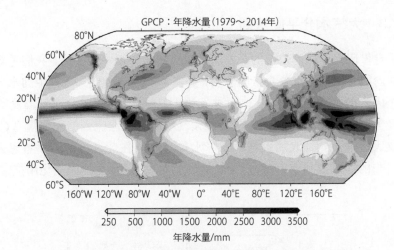

（b）世界年降水量分布，GPCP 数据中的 35 年（1979～2014 年）平均值

图 2-38　世界植被分布和世界年降水量分布

　　包括森林在内的植物在进行光合作用的过程中，通过叶片的气孔吸入二氧化碳，并释放出氧气，但同时发生的另一个重要过程是蒸腾作用，即释放出水蒸气，换句话说，光合作用吸收了二氧化碳，但同时森林蒸腾产生的水蒸气也是地表水热平衡（水循环）的重要因素（见图 2-8 中的潜热）。特别是最近的研究表明，在广阔的大陆上延伸的亚北极针叶林（北方森林）和热带雨林，极大地控制了陆地

表面的热量和水分平衡。在此，我们采用下面所述的大气水分平衡法则，定量地研究植被与气候之间的相互作用。

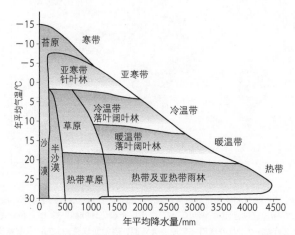

图 2-39　植被与气候因素的关系［根据中西他（1983）修改］

2.7.3　大气水分平衡法则

为了定量研究森林等植被的蒸发量在大气水分平衡中的作用，我们考虑在一个大气柱内的大气中的水分含量的平衡，如图 2-40 所示。该大气柱中的水分平衡是由三个因素的平衡决定的：从地面进入该大气柱的水汽量，即地表蒸发量（E），由于风（大气气流）从周围环境进入该大气柱的水汽净流入的积聚量（C），以及离开该大气柱流到地表的水量，即降水量（P）（在此讨论中，不考虑云水滴和冰滴引起的净流入和流出量）。大气柱中的水汽总量（Q）的变化用式（2-39）表示。

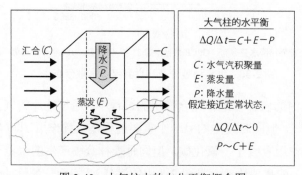

图 2-40　大气柱中的水分平衡概念图

一个地区的季节性降水量（P）由周围水汽输送的积聚量（C）和同一地区的蒸发量（E）之和决定；
蒸发量（E）的比值越大，说明该地区（区域）的水循环越活跃

$$\frac{\Delta Q}{\Delta t} = C + E - P \qquad (2\text{-}39)$$

正如后面将讨论的那样，在月平均和季节平均的水平衡中，大气柱中水汽含量变化的分量（$\Delta Q/t$）与式（2-39）等号右侧的 C、E 和 P 相比非常小，所以可由式（2-40）表示。

$$P \sim C + E \qquad (2\text{-}40)$$

换句话说，在月平均值和季节平均值中，这三个因素几乎是平衡的，一个地区的降水量 P 就是该地区的蒸发量 E 和水汽积聚量（水汽净流入）C 之和。通过这个公式，我们可以评价一个地区的降水是由于外部水汽的流入，还是取决于地表包括植被的蒸发量，同时也能评价它们之间的比例。

这里，根据世界植被分布（图 2-38），我们选择不同气候带，面积比较广阔，没有受到都市和农地影响的植被区作为典型，研究了西伯利亚的亚寒带针叶林（泰加林）和赤道地区的热带雨林的大气-地面水分平衡的季节性变化。

2.7.4　西伯利亚·泰加林（亚寒带针叶林带）的大气水分平衡

在北半球西伯利亚的北极周围和北美大陆的北极一带有很厚的永久性冻土层，而且西伯利亚的冻土层厚度达到几百米。有趣的是，西伯利亚的泰加林与这一永冻层区域几乎对应。泰加林中的优势树种是落叶松，这种松树冬季落叶。落叶松林的树高达 40～50m，但由于永冻层的存在，其根部很浅，最多只有几十厘米。冻土是冰和土壤结合起来冻在一起的层，仅夏季的 2～3 个月中有几十厘米的表层解冻，落叶松林利用这一表层的融水进行光合作用。对于冻土层，夏季太阳辐射引起的融化仅限于其表层，这里的树木也就被限制仅利用表层融水进行光合作用，并通过蒸发释放潜热，这样一来，地表温度的升温被抑制了，从而防止了整个冻土层的解冻。

该地区夏季降水量为 200～250mm，尽管这个降水量跟中纬度和热带的沙漠、半沙漠的降水量差不多，但这里却有树高高达几十米的大森林。解开这个谜团的关键是冻土和泰加林通过水循环的耦合，通过实地观测和利用最新的全球客观分析数据进行的大气水平衡分析已经揭示了这一事实。图 2-41（a）为西伯利亚东部泰加林中心区域的大气水分平衡的季节性变化。夏季（6～8 月）泰加林利用冻土融水进行光合作用时，这 3 个月的降水总量 P（2～2.5mm/d）约为 200mm，与同期的蒸发量 E 几乎相同，也就是说，在这个季节，从泰加林蒸发产生的水汽直接形成了云，而云又形成了雨，这个区域性的水循环在这里大致成立。图 2-41（b）

是与图 2-41（a）相同区域的光合作用的指数被称为归一化植被指数（NDVI），
NDVI 高的区域与地表蒸发所产生水蒸气的水汽通量的发散区域十分吻合。这意
味着永久冻土层和泰加林在夏季通过光合作用与水循环相互依存地维持在一个
共生（耦合）系统中。而冬季的降水（降雪）则是由低气压导致的水汽汇合（实
际流入）C 造成的。而在从冬季到夏季（或从夏季到冬季）的过渡季节的 5 月和
9 月，C 和 E 在 5 月和 9 月都对 P 有贡献，西伯利亚的永久冻土层据说是在数万
年前的冰川期形成的，由于与泰加林的耦合，数万年来这个永久冻土层一直存在
着，没有被解冻。

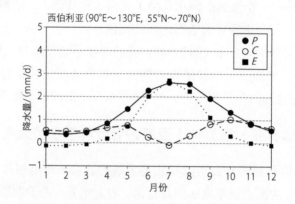

（a）西伯利亚东部泰加林中心区域大气水分平衡的季节性变化

P：降水量，C：水汽积聚量，E：蒸发量（由 $P-C$ 计算）

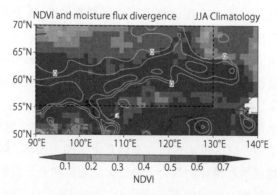

（b）西伯利亚东部泰加林地区夏季（6～8 月）NDVI（灰度）和水汽通量散度（白色实线）的
分布（Fujinami et al., 2015）

图 2-41　西伯利亚东部泰加林的大气水分平衡和 DNVI 变化

　　西伯利亚目前正在经历着快速的全球变暖，如果这种变暖持续下去，一个重

要的问题是，泰加林和永久冻土层的共生系统会发生什么变化？随着气温的升高，冻土解冻，改变了目前森林根系利用地表融水的效率，水循环的变化、树种（主要是落叶松）的变化以及森林向草原的转化，这些可能导致水循环的变化，而水循环的变化又可能导致降水量的变化。在数值实验中，利用动态植被模型研究了这一共生系统对气候变化的敏感性，该模型结合了当前泰加林与永久冻土层的共生系统，但泰加林的计算结果的差异很大，目前还没有得到明确的答案。由于泰加林占据了很大的大陆面积，这个共生系统与气候系统的相互作用，会大大改变人类活动对全球气候的影响。

2.7.5　热带雨林的大气水分平衡

另一个被认为通过碳循环和水循环在地球气候系统中发挥重要作用的森林区是存在于赤道附近的热带雨林区域。在图 2-38 中，有三个这样的区域：东南亚诸岛屿、南美洲的亚马孙河流域和非洲的刚果河流域。从热带地区降水量的分布来看，哈得来环流气流上升运动的热带间辐合区的对流降水区集中在陆地和岛屿的前述的三个区域，而不是在海洋上空，这一点在东西方向的区域分布中[图 2-38（b）]也能看出。

首先，让我们看看婆罗洲（加里曼丹岛）的大气水分平衡，这是东南亚的一个热带岛屿地区，被认为是一个海洋性大陆[图 2-42（a）]。该岛横跨赤道，是世界第三大岛，面积约为 73 万 km^2（是整个日本群岛的 1.9 倍），被温暖的海水包围，海面温度接近 30℃，热带降雨观测卫星（TRMM）的观测结果表明，该岛的降水量高于周围海洋的降水量。岛上大部分地区被热带森林覆盖，岛上年降水量多的地区可以达到 3000～4000mm。如图 2-42（a）所示，全岛年平均降水量约为8mm/d（年总降水量约为 3000mm），季节性变化较小，但 6～8 月有较弱的旱季。尽管该岛周围的海洋是一个被称为暖水池的海水区域，但对该岛的水汽积聚量（C）很小，不到 3mm/d，特别是在旱季几乎为 0。由 $P–C$ 计算出的蒸发量 E 几乎一直很大，约 6 mm/d，相当于年平均降水量的 75%（雨季约 65%，旱季几乎100%）。换句话说，这个热带雨林地区的水的再循环率（E/P）非常高。另外，沙捞越（西婆罗洲）热带雨林的水文气象研究表明，年平均 E/P 为 72%（Kumagai et al.，2005），婆罗洲的热带雨林的蒸腾作用已被证明对降水本身有很大的贡献（Kumagai et al.，2013）。有趣的是，海洋上的蒸发量与降水量之比小于婆罗洲，如果我们只取婆罗洲周围的海洋，为 60%～65%。婆罗洲的热带雨林由于这里多雨而存在，同时，多雨这个条件本身也是由森林自己通过水循环创造出来的。

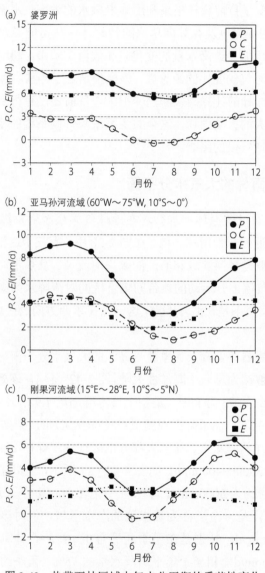

图 2-42　热带雨林区域大气水分平衡的季节性变化

注：*P*：降水量，*C*：水汽积聚量，*E*：蒸发量（*P*–*E*）

　　理所当然，这种水的再循环率高的水循环体系在很大程度上取决于地表的森林蒸腾量，这意味着砍伐森林和其他地表面改变会对降水造成很大影响。自 1970 年左右以来，婆罗洲的森林砍伐一直在蔓延，这种对地表环境的改变可能起到减少岛上降水的作用。事实上，整个婆罗洲的降水量呈现下降的趋势，很可能是森林砍伐使得水循环发生了变化（即蒸腾量的减少），从而导致了降水的减少（Kumagai et al.，2013）。

那么，其他的热带雨林地区的情况如何呢？图 2-42（b）表示的是亚马孙河流域的大气水分平衡的季节性变化，该流域是地球上最大的热带雨林区域。年降水量为 $2200 \sim 2300mm$（$6 \sim 7mm/d$），有明显的季节性变化，11 月至次年 4 月为雨季，5～10 月为旱季。在雨季，水汽积聚量（C）和蒸发量（E）非常接近，但在旱季，蒸发量占降水量的 60%～70%。换句话说，来自大西洋的水蒸气的流入主要促进了雨季降水量的增加，而森林的蒸腾作用则大大促进了旱季依靠水分再循环的降水。

图 2-42（c）是非洲赤道热带雨林地区刚果河流域的大气水分平衡的季节性变化。年降水量约为 1500mm（4mm/d），低于婆罗洲岛和南美洲的亚马孙河流域。该地区有两个明显的雨季（2～4 月和 10～12 月）和一个明显的旱季（6～7 月）。在雨季，水汽积聚对降水的贡献高达 70%～80%，来自大西洋一侧的水汽流入对降水的增加贡献很大，而在旱季，降水量和蒸发量几乎相当，这表明在热带雨林地区出现了很强的水的再循环。

如上所述，在南美洲亚马孙河流域和非洲刚果河流域的热带雨林地区，雨季期间从海洋流入的水蒸气为热带雨林的存在提供了充足的降水。而在旱季，热带雨林为了保持足够湿润的土壤，水的再循环起着重要的作用，即雨林本身的蒸腾作用为旱季带来降水，降水又湿润了土壤。有研究指出，亚马孙河流域的森林砍伐也造成了该地区降水的减少和干旱（Nobre et al.，1991；Phillips et al.，2009）。

2.7.6   用气候模型验证植被对季风气候的强化作用

在上一节中，我们介绍了大面积的森林和植被是通过对气候的适应而分布的，同时，森林和植被又通过水的再循环，保持了维持植被本身所需的湿润气候。在本节中，我们将论述植被在亚洲季风区湿润气候的形成中所起的作用。上一节，我们强调了青藏高原在建立亚洲季风中的重要性，考虑到前述森林对气候的反馈效应，植被的存在本身有可能对季风的存在和维持很重要。在本节中，我们将介绍用气候模型进行数值实验的结果，研究青藏高原及其植被（包括土壤）如何影响目前的季风气候的维持。

有或没有森林（植被）时，地表的辐射、热量和水分平衡特征会有什么不同吗？那么让我们想一想，是什么让森林与沙漠如此不同？首先，森林是绿色的，它们对阳光的反照率（albedo）比沙漠小，所以它们能更好地吸收阳光。然后，森林需要土壤来生根，生根使土壤能够保持水分，从而与光合作用相关的蒸腾过程成为可能。事实上，土壤是由植被创造的。例如，被冰川和冰盖覆盖的裸露岩石在很长一段年月里逐渐被植被覆盖。在这个过程中，土壤被创造出来，植被随着土壤水分和营养条件的变化而变化（进化）。欧洲中部和北部现在的植被（森林）在大约 1 万年前一直被冰盖覆盖，随着土壤的形成，成为目前的植被分布。然而，它的种类多样性比东亚要差得多，这是因为东亚已经有 100 多万年没有被冰川和冰盖覆盖。图 2-38 所示的植被分布也表明，在欧亚大陆的西部和东部同样分布着冷温带夏绿阔叶林。多样性不仅在很大程度上取决于目前的气候，而且还取决于过去的气候历史和宿主岩石条件。

此外，与没有任何不均匀性的地表相比，由于森林的存在，地表的不均匀性改变了对风的粗糙度，地面边界层的空气动力学特性发生了变化，从而显著地改变了地表的热量和水分平衡。图 2-43 表示了这些特征因有无森林（植被）而产生的差异。当然，另一个重要的特征是通过光合作用产生的二氧化碳平衡的差异，但在这里我们只关注与物理气候特征有关的因素。

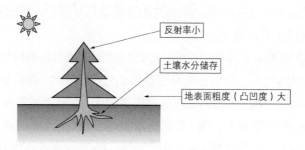

图 2-43　森林（植被）对地表辐射、热量和水分平衡的影响

图 2-44 显示了利用气候模型模拟有无这些影响的情况下的东亚地区的降水差异。首先，在包括所有影响的完整数值实验中，夏季（6～8 月）的月平均降水量约为 200mm，这 3 个月的总降水量约为 600mm，可以看出，与图 2-25 所示的真实降水量非常相似，再现性非常好。在没有青藏高原的假设条件下，每月为 70～80mm，非常小，还不到一半。这一结果与图 2-35 所示的假设没有青藏高原的情况一致。但如果加上青藏高原，数据就会大大增加，而且在雨季的高峰期，从 70mm 倍增到约 140mm，这个数值约为包括所有影响的完整条件下模拟数值的 70%，而如果加上植被（+土壤）的条件，降水量的夏季峰值超过 200mm，整个雨季的总降水量约为 600mm，与实际降水量基本对应。南亚和东南亚也有同样的趋势，在亚洲季风区没有植被的情况下，即使有青藏高原的存在，季风季节的降水量也只是实际的 70%左右。众所周知，因为下雨所以植被会生长，另外，由于有植被的存在，

降水会增加，植被和降水之间存在着一个正反馈关系。对地球环境的基本要素——气候和植被相互作用的理解是考虑生态系统和生物多样性的一个重要视角。

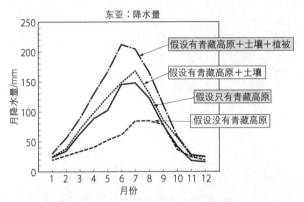

图 2-44　气候模型对东亚（中国）季风区在有无青藏高原、有无土壤和
植被的假设条件下对季节性降水变化的数值模拟（Yasunari et al.，2006）

　　图 2-45 表示青藏高原和植被对降水量分布的影响的差异。图 2-45（a）显示了有青藏高原和无青藏高原条件下降水分布的差异，可以看出由于青藏高原的影响，特别是在东亚、东南亚和南亚（季风亚洲区）的降水量增加了，这也反映了图 2-35 所示的青藏高原的力学效应。另外，图 2-45（b）显示了在有青藏高原的条件下植被的存在与否对降水量分布的影响。当有植被的条件下，整个季风亚洲区的降水量进一步增加，同时，西伯利亚的泰加林（北方森林）地区的月降水增加了约 50mm。由于这个地区在没有植被的条件下只有约 40mm 的降水，可以看出降水增加了两倍多，实际的月降水量约为 100mm。

　　那么，由于青藏高原和植被的存在，降水的变化与水汽输送（或供应）的变化之间有着什么样的关系？图 2-46 显示了东亚和西伯利亚的降水量变化与相关的水汽来源的各个成分，它们分别为来自太平洋、大西洋、印度洋和欧亚大陆本身。在东亚（左图），我们可以看到，水蒸气的来源在各种情况下都没有太大的变化，在西伯利亚，在有植被（+土壤）的情况下，来自大西洋的水蒸气随着降水的增加而减少，而来自欧亚大陆内部的水蒸气则明显增加，这说明植被（森林）的存在增加了与光合作用相关的蒸发量，而这种水蒸气的增加导致了降水量的增加。这一结果与图 2-41 所示的观测结果一致，说明利用该气候模型的模拟定量地证明了由森林的存在而产生的水汽再循环过程。当我们在大陆尺度范围内考虑气候时，内陆地区没有如果森林就不可能是湿润气候。

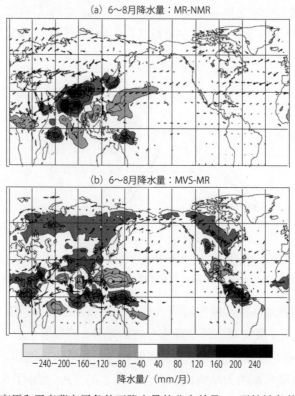

图 2-45　有青藏高原和无青藏高原条件下降水量的分布差异（+无植被条件下）（a）和有植被无植被条件下（+土壤）的降水分布差异（在有青藏高原的条件下）（b）（Saito et al.，2006）

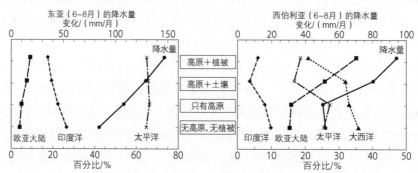

图 2-46　东亚（左）和西伯利亚（右）的夏季降水量变化和水汽源变化的
GCM 对比数值模拟（Saito et al.，2006）

图中由下到上：无青藏高原、无植被、无土壤条件下；有青藏高原、无植被、无土壤条件下；
有青藏高原、有土壤，无植被条件下；有青藏高原、有植被、有土壤条件下。在东亚，
由于高原和植被的影响，降水量增加，但水汽源的变化很小；而在西伯利亚，
由于植被和土壤的存在，降水增加的同时，来自蒸发于欧亚大陆的水汽源比例也迅速增加

　　亚洲季风通过水分的循环在陆地上形成了很多的森林，在森林活跃的蒸腾作用过程中，森林又创造了强大的季风，季风是一个由维持森林的循环而形成的动态平衡系统。然而，应该指出的是，这样一个动态平衡系统会被由人类活动造成的森林砍伐而大大破坏（5.1 节）。

第3章 地球气候系统的变动和变化

气候系统本身的变动和变化主要发生在地球历史的时间尺度上，关于这样的变化我们将在第 4 章讨论。在本章中，我们将讨论过去 300 万年的气候变动和变化的特点，从那时起作为构成地球气候系统要素（或固定的边界条件）的海陆分布和大尺度的山脉地形被认为与今天（包括现在）几乎相同。我们将在 3.1 节中描述作为一个非线性系统的气候系统的基本特征；在 3.2 节讲述气候系统的基本要素，这些要素决定了由外部力量引起的地球规模的气候变动和变化；3.3 节将讨论太阳辐射能，这是最重要的外力。此外，我们还将在 3.4 节中详细讨论以 1 万～10 万年尺度的最长周期盛行的气候变动、冰期和间冰期旋回的状况及其动力；在 3.5 节中讨论几十天到千年尺度的较短周期变动。

3.1 气候系统作为一个复杂系统的变动和变化的特性

3.1.1 气候变动和变化之间有什么区别

地球气候的变动和变化是由各种因素和不同的时间尺度造成的。在第 1 章中我们提到，对于不同时间尺度的气候的变动和变化，应设定不同的气候系统。实际的气候变动和变化可以大致分为以下三种：与气候系统（组成和机制）本身的变化有关的变化；气候系统虽然没有变化，由系统的外力变化（变动）引起的气候变化（变动）；以及在没有外力的情况下（即使它们没有变化），由于系统的非线性而发生的"摆动"（译者注：为了与带有周期性意思的"波动"区分，本书作者安成先生有意使用了"ゆらき"，这个日语词汇在汉语里的意思是摇动或者摆动，本书中使用"摆动"）。本书将对气候变动和变化的这三个属性尽可能地区别开来进行讨论。

▶ 专栏 3　气候的变动（variation）和变化（change）───────

在日语中，被称为气候"变动"的现象或内容在英语中分别以 variation、

change、variability、fluctuation 等术语来区分。世界气象组织（WMO）把气候变动总称为 climate variation，长期变化趋势是 climate change，包括气候的年际变化在内的较短时间尺度的变动被定义为 climate fluctuation 或 climate variability。特别是，后者经常在气候的年际变化特征的意义上使用。因此，受人类活动的影响而出现的长期气候变化，如目前的全球变暖问题，应被翻译为气候变化，IPCC（Intergovernmental Panel for Climate Change）的正确日语翻译是"気候変化に関する政府間パネル"。

日本气象厅原本采用了这样的译法，但日本的其他省厅（大概是外务省）却将其翻译为"気候変動に関する政府間パネル"。然后媒体使用了这一称呼，于是这就成了 IPCC 在日本的正式名称，climate change 就被当作气候变动（climate change 的原意是气候变化而非气候变动，译者注）了。日本气象厅居然紧随其后，在 2008 年 3 月采用了"気候変動に関する政府間パネル"的译法。当然，IPCC 不仅讨论了人为影响，还讨论了与人为影响相比较的气候的自然变动，从这个意义上讲，采用"気候変動に関する政府間パネル"作为意译，是可以理解的。可是，《联合国气候变化框架公约》（United Nations Framework Convention for Climate Change，UNFCCC）等公约中，将 climate change 限定在人类活动引起的气候变化，如全球变暖，所以媒体和公众普遍对其存在着误用现象，偏离了该术语的原本定义。

3.1.2　气候系统是一个非线性非平衡的开放系统

如图 3-1 所示，气候系统是一个有各种要素参与的复杂系统。换句话说，我们可以把气候系统的每个组成部分看作一个电路，它决定了系统的状态，如一个输入量（辐射能量 F_{TA}）会有一个输出量（如平均地面气温 T_{SFC}）。某单一要素（电路）对系统的平均状态或变动的影响程度如何，会因系统的变动的时间尺度（如系统的某一部分）和空间尺度而有所不同。此外，这个系统中的任何一个要素（电路）通常在其输入量和输出量之间存在着各种非线性关系。例如，反照率因冰雪覆盖面积的多少而大不相同，但冰雪覆盖面积却受地面气温高低的影响很大。还有，水蒸气也是一种温室气体，水蒸气量的大小与气温的升高呈指数增长的关系。因此，无论是部分还是整体，气候系统都可以被看作一个典型的非线性系统（参看专栏 4）。

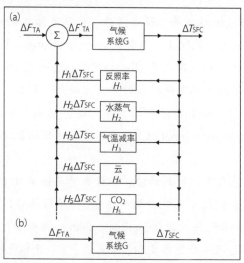

图 3-1　气候系统中的能量流动和各种反馈

（a）通过大气层顶辐射能量的变化（ΔF_{TA}）和气候系统（G）内各要素的反馈（H_i，$i=1 \sim 5$）来改变
地面气温变化（ΔT_{SFC}）；（b）由所有要素综合反映出的辐射能量变化导致地面气温的变化

▶ **专栏 4　什么是非线性系统？**

　　非线性系统是指对于一个外部变量 x，系统的状态变化或输出量 y 的变化不
是线性变化的，也就是说，不是如 $y=ax+b$（其中 a 和 b 是常数）的这种变化。打
个比方，我们可以认为这个系统中的系数 a 不是一个常数，而是随着 x 值的变化
而变化的。这意味着气候系统内某个构成要素（如冰雪覆盖面积）的数值与表示
系统状态的某个量（如温度或降水量）之间的关系不是线性的。

　　从 2.2 节所述的气候系统维持温度的南北分布的方式可以看出，净辐射能总
是在热带地区输入，在两极地区释放，这就维持了南北温差，这种温差维持了大
气-海洋的循环系统（图 2-10）。换句话说，在热力学方面，气候系统作为一个非
平衡的开放系统被维持着。

3.1.3　气候系统是一个混沌系统

　　众所周知，这样的非线性非平衡开放系统的动态表现方式被称为"确定性混沌"，
这是由洛伦茨（1963）首次提出的。在数学中，"确定性"意味着系统的构成要素是
已知的，而且各要素之间的关系可以写成系统随时间演变的微分方程式。

　　这里，确定性混沌究竟是一个什么样的动态表现方式？在这里我们介绍洛伦
茨（Lorenz）假设的一个简单产生对流的非平衡开放系统。在这个系统中，假设
水平维度是由地表的加热和上层自由边界的冷却驱动的，垂直维度是一个圆柱形

滚筒的对流系统。系统变化可以由以下时间的常微分方程式来描述。

$$X'=-\sigma X+\sigma Y,$$

$$Y'=-XZ+rX-Y,$$

$$Z'=XY-bZ$$

式中，X 为对流强度；Y 为水平温差（上升气流的温度与下沉气流的温度之差）；Z 为垂直温度梯度的强度参数；$'$ 表示时间微分；σ 为衡量稳定对流发生的难易程度的普朗特（Prandtl）数（运动黏度/温度扩散率）；r 为瑞利（Rayleigh）数/临界 Rayleigh 数，它是流体层加热条件（该层的上下层之间的温度差）的指标，考虑到黏度和浮力。如果 $r>1$，热量传输产生对流，如果 $r<1$，热量传输是通过热传导的。$b=4/(1+a^2)$，其中 a 是假设的对流规模的长宽比。洛伦茨（1963）给出 $\sigma=10$，$b=8/3$，$r=28$，即假设了一个水平的黏性流体层（如水），这是一个其中的对流可以稳定地发生的数值实验。

　　在这组联立方程式中，重要的是包含了对流强度 X 与温度分布 Y 和 Z 之间的非线性关系。通过将左边的时间变项设为 0，可以得到这个由三个常微分方程组成的系统的可能的稳态解，在 X、Y 和 Z 的相位空间中分别为（$6\sqrt{2}$，$6\sqrt{2}$，27）和（$-6\sqrt{2}$，$-6\sqrt{2}$，27）。也就是说，在顺时针和逆时针方向的滚动，其对流强度是一样的。然而，这个对流系统的实际的时间演变只能通过使用计算机在给定一些初始值的情况下进行数值积分来获得。图 3-2 中，初始条件是从没有对流的静止状态 $X=Y=Z=0$ 稍稍偏离一点 $Y=1$ 开始进行时间积分，X 进行了 1000 步时的时间序列。虽然看上去它显示出不规则的变动，混合着短周期振荡和不规则振荡，但如果我们仔细观察，可以看到系统的不规则振荡是在 $X=\pm 6\sqrt{2}$ 的两个稳态解（图中虚线）之间来回摆动。图 3-3 描绘了 X、Y、Z 三维空间中的时间变动轨迹。在 C 的一个稳态解周围旋绕，旋绕到振幅增大的轨道时跳动到另一个 C' 的稳态解周围旋绕，然后又回到 C 的轨道，如此不规则地重复，这就是著名的被称为洛伦茨（Lorenz）吸引子的非线性振荡，这个图也叫蝴蝶效应图，是混沌状态的确定性理论的代表图。

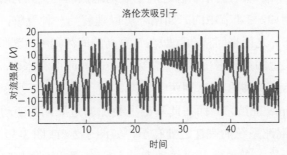

图 3-2　洛伦茨的二维热对流模型中的对流强度（X）的变化（Lorenz，1963）

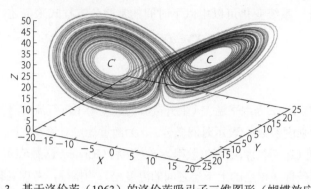

图 3-3　基于洛伦茨（1963）的洛伦茨吸引子三维图形（蝴蝶效应图）

洛伦茨的确定性混沌理论的特点是，如图 3-2 所示，其解的时间演变随初始值而变化，虽然在这个意义上，它是不可预知的，但长期积分后发现，在任何情况下，它都会围绕稳态解周围不规则地来回运动。然而，稳态解是不收敛的，在这个意义上，稳态解是一个不稳定的解。

换句话说，在被称为"确定性混沌"的系统中，一些可能的稳态解是已知的，但由于其非线性，当从初始值开始随时间积分时，不能唯一地确定达到哪一个稳态解，有复杂变动的特性，忽而接近或忽而远离稳态解，在其周围摆动。

自洛伦茨（1963）的这项研究成果发布以来，许多研究者都详细讨论了非线性混沌（系统）的特性，作为一门新的非线性科学，它的发展不仅适用于物理科学，也适用于生物和社会科学[详见山口（1986），蔵本（2007）]。

3.1.4　气候系统的变化和摆动

洛伦茨的确定性混沌理论为我们考察气候变动和变化提供了重要的理论方法。让我们再看一下图 3-2，该图显示了一个简单的非平衡非线性系统的混沌波动，此摆动在热对流系统的两个状态之间不规则地振荡。类似的现象也出现在各种气候系统中。例如，3.4 节中的冰期循环可以理解为一种现象，即气候在两个稳态解（平衡状态）之间来回移动，即在气温高的间冰期和气温低的冰期循环，并叠加一个周期较短的摆动振荡。该气候系统中的间冰期和冰期，是系统固有的稳态解，它们对应着冰期和间冰期两种状态，即"真正的气候变化"或"气候的稳态转变（regime shift）"，而在此基础上叠加的短周期的变动可被视为"气候摆动"。然而，混沌系统的有趣之处在于，如图 3-2（或图 3-3）所示，从冰川期到间冰期（或反之）的过渡与"摆动"并非完全无关，而是向任何一方的状态的过渡是由时间发展中的"摆动"（如显示出大的摆动）触发的（新的初始条件）。

洛伦茨（1968）把具有变动特征的系统称为非自动系统（transitive system），该系统总是根据给定的初始条件在一定时间内演变，另外，把不依赖任何初始条件，可以在不同时间发展的称为自动系统（intransitive system），而这里所描述的具有确定性混沌特性的系统被定义为准自动系统（almost intransitive system），洛伦茨指出，气候系统基本上具有准自动系统的特征。换句话说，如图 3-4 所示，在一个非自动系统中，给定一个 $t=0$ 的初始值，解决方案总是在状态 A 中，然而在一个自动系统中，它可以在状态 A 中，但也可以在状态 B 中，其解决方案不是固定的。而在一个准自动系统中，在无限长的时间尺度上，只要边界条件不变，就会有一个固定的平衡状态，如状态 A 和状态 B。然而在较短的时间尺度上，会根据初始条件，可能导致状态 A，也可能是状态 B，即有初始值依赖性。

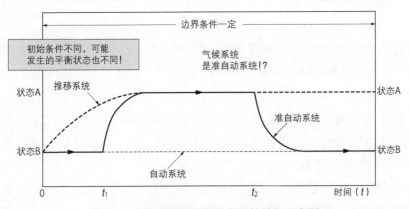

图 3-4　气候系统的准自动变异性特征示意图

气候系统作为一个准自动系统，如图 3-4 所示，在时间 t_1 和 t_2 之间（由于如大的摆动之类的新发生的初始条件）气候的平均状态会在短期内发生重大的变化，如气候变化或稳态转变，发生这种变化的时间点也被称为"临界点"（tipping points）。然而，在不断变化的真实气候中，许多情况下可能很难区分这种"气候的稳态转变"和"气候摆动"。另外，在气候变动中，由太阳黑子活动的变化和温室气体变化引起的辐射能量平衡的变化等，以及系统边界条件和外部力量本身的变化有关的气候变化也很重要。例如，冰期循环实际上显示了相当于 10 万年规模的周期性的变化，可以认为外力在这个准自动系统中充当了气候变化的起搏器（pacemaker）（3.4 节）。

这里应该指出的是，准自动气候系统具有自我激发的变化和摆动的特性，即使在没有外力变化的情况下也存在。我们每年所经历的气候的年际变化，以及四季中出现的每日的天气变动，实际上是某种类型的气候摆动。后面（第5章）将讨论的"全球变暖"问题的不确定性，也是由与外力变化相关的真实气候变化（变动）和气候摆动混合造成的（参照第5章）。

在理解气候变化的动态特性时，如第1章所述，重要的是不要把气候系统理解为一个单一的系统，而应将其看作一个在不同时间尺度上需要考虑不同的构成要素的系统。首先，我们需要知道是什么样的系统造成了变动，以及如何识别该系统的"变化"和"摆动"。在此基础上，重要的是找出该系统的外力（因素）和构成要素（参数）的变化分别是如何影响该气候系统的变动的。

3.2　造成全球规模气候变化的四个重要因素

这里，让我们再次回到辐射平衡的方程[式(1-3)]，它决定了地球表面或大气层的平均温度（有效辐射温度）。辐射平衡温度可以通过式（3-1）得到。

$$T_e = [(1-A)S/4\varepsilon\sigma]^{1/4} \tag{3-1}$$

从式（3-1）可以看出，T_e 随着变化的因素是气候系统的原始外力太阳入射能量（S），和决定有多少能量能进入地球表层的反照率（A），以及决定地球红外辐射能量的表观大气辐射系数（ε）。

因此，可以清楚地看到，造成全球规模气候变化的因素与其中至少一个 A、S 或 ε 的变化密切相关。事实上，唯一的地球以外的变动因素是 S。对 A 的变化贡献最大的是地球表面的冰雪覆盖面积，或者大气中的云量和尘埃量的变化，对 ε 的变化贡献最大的是大气中温室气体的变化。关于 ε，它受人类活动的影响产生了巨大的变化，这个我们将在第5章中详细讨论。而 A 是一个内部因素，与气候系统本身的状态量密切相关并发生变化，如气温和水汽含量，包括雪盖和海冰、雪冰，以及有云无云和云量，而且这些变化与这些状态量是非线性的关系。因此，即使外部因素 S 不变，气候系统的平均气温变化和冰雪量之间的正反馈很有可能导致更大的全球温度变化。后面将讨论的冰期-间冰期旋回中，这个过程被认为很重要（图3-10）。

上述是与全球的平均气温 T_e 有关的三个因素，实际的地球至少有南北（极地和赤道）的气温分布和其他气候要素分布，气温的南北分布在后面详述的冰期-间冰期旋回（3.4节）的机制中发挥着重要作用。即使上述三个因素完全相同，如果南北气温分布的巨大差异存在，如极地地区能否有冰雪存在，将极大地影响全球平均气温 T_e。这种南北分布是由大气、海洋和陆地表面组成的地球表面系统中南北热传输的效率决定的。如果这个效率大，南北的温差就小，如果小，南北的温差就大。综上所述，我们可以说，地球尺度的气候状态是由上述 A、S、ε 三个因素，以及二维的地球表面系统，加上南北热传输效率这四个因素决定的。

3.3　导致气候变化的外部力量——太阳辐射

3.3.1　太阳总辐照度的变化及其对气候的直接影响

我们已经提到，驱动气候系统的唯一外部力量是太阳辐射（参看 1.3 节）。上一节提到入射到地球表面的太阳能量 S 被定义为太阳总辐照度（TSI）（参看 2.2 节）。TSI 的变化量非常小，因此也被称为太阳常数。从 17 世纪左右人们就已经知道，TSI 的长期变化可以利用太阳表面的黑子数量来计算。

图 3-5（a）是 1600 年以来太阳黑子数量的变化。从图中可见，太阳黑子数量有一个明显的 10～11 年的周期和一个更长的周期变动，TSI 也随着这个周期而变动，许多研究已经对气候变化的 11 年周期的可能性进行了研究。16 世纪末，有一个时期被称为蒙德极小期（Maunder minimum），当时几乎没有观测到太阳黑子。这段低太阳黑子数量的时期与北半球的寒冷气候期的小冰川时期（little ice age）相对应，所以太阳黑子的数量是太阳活动的一个指标，被认为有可能导致气候变化。

自 1978 年以来，美国国家航空航天局（NASA）和其他卫星对 TSI 的直接观测[图 3-5（b）]表明，这个变化周期确实存在，而且太阳黑子数量和 TSI 之间存在着正相关关系。然而，如图 3-5（b）所示，总辐射能量的变化范围约为 $1W/m^2$，是平均辐射能量的 0.1% 以下。

1600 年之前的 TSI 的较长期的变化是通过冰芯和树的年轮中的放射性同位素（^{10}Be，^{14}C）量来估算的，这些量不仅与 TSI 有关，也与地磁场强度有关，所以具有高度的不确定性，图 3-6 显示了过去 1000 年的 TSI 的复原，对地磁强度变化引起的元素量变化进行了校正（Muscheler et al., 2007）。从这个时间序列来看，TSI 有几十年到 200 年的周期性，并有长期的变化趋势。然而，如图 3-5（b）所示，这些变动非常小，很难检测到与这些周期和长期趋势直接对应的全球气温变动。一些研究（如 Christensen and Lassen，1991）认为，如果仅限于 17 世纪初的

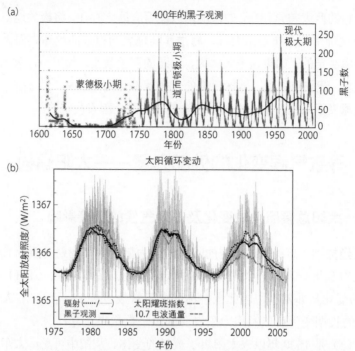

图 3-5 （a）过去 400 年中太阳黑子数量的变化（沃尔夫太阳黑子相对数），（b）过去 30 年
中卫星观测到的 TSI、太阳耀斑数量和 10.7cm 波段的电波通量的变化
（https://en.wikipedia.org/wiki/Solar_cycle）

蒙德极小期北半球平均气温与 TSI 变化的长期趋势，它们似乎很对应，众所周知，
TSI 处于最低点的 1700 年左右和 1800 年之前，当时的火山活动也很活跃，气候
模型的数值模拟表明，火山爆发导致的大气气溶胶的增加对这一时期的地表气温
的降低有相当大的影响，这一时期被称为小冰期（IPCC，2013）。

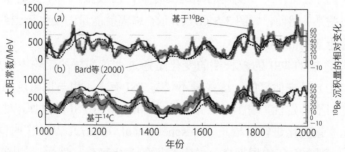

图 3-6 从南极冰芯分析的 ^{10}Be 沉积量（灰色实线）得出的太阳辐射调制函数（太阳辐射强
度的指数）（虚线）和 Bard 等（2000）的太阳辐射调制函数（粗实线）（a）；同前曲线群，
通过年轮从 ^{14}C 得到的数值（灰色实线）（b）（Muscheler et al., 2007）

3.3.2 太阳活动对气候的影响——间接机制的可能性

当 A 和 ε 被设定为与当今地球相对应的值时，上述 TSI（即 S）的变化导致的全球平均气温（辐射平衡温度）的变化最大仅为 $0.05\sim0.1℃$，TSI 变化对全球气候的直接影响几乎可以忽略不计。然而，有研究者指出，在气候系统中可能存在一种机制，可以放大 TSI 引起的变动。

其中之一是紫外线变化的影响。例如，与 11 年周期相关的可见光区域的辐射能量的变化的幅度约为 0.1%，而在紫外线区域，它们却非常大，在 300nm 波段为 3%，在 200nm 波段为 10%，在 120nm 波段以下的波长为 50%左右。整个紫外线区域约占 TSI 总能量的 30%（Rottman，2006），而紫外线辐射在平流层的大气层温度场中发挥着重要的作用，所以这种变化极有可能不能被忽视。事实上，有研究认为，TSI 的 11 年周期伴随着一系列过程：平流层温度的变化→平流层环流的变化→平流层和对流层之间的波的传播特性等动态耦合的变化→对流层环流的影响（Kodera and Kuroda，2002；Kodera and Shibata，2006；Kodera，2006），同时也有这方面的观测证据（Miyazaki and Yasunari，2008）。然而，这种影响表现为与对流层大气环流模式变化有关的区域的温度变化，如欧亚大陆、太平洋和印度洋及北大西洋，而并不一定影响全球平均温度变化。

另一个是通过太阳活动引起的太阳风（来自太阳表面的高温高速等离子体流）的变化，太阳和地球磁场的变动使得抵达地球上的银河宇宙射线（galactic cosmic rays，GCR）的强度发生了变化。有研究推测（Svensmark and Friis，1997；Marsh and Svensmark，2000），GCR 在大气中产生离子，而离子的产生会改变云凝结核的数量，然后云量发生改变，这样的话地球的反照率就会变化，从而改变气候。例如，太阳活动的增强削弱了 GCR，从而减少云的凝结核的生成，云量减少，地球尺度的反照率降低，从而辐射平衡温度上升。一些研究人员认为，最近的全球变暖可能是由这种太阳活动增强的过程造成的，但是也有很多否定这一假说的证据，如 GCR→电离→云层凝结成核的过程还不清楚，而且在最近的全球变暖期间（2000 年前后），并没有看到太阳活动和 GCR 强度有相对应的趋势。

3.4 冰期-间冰期旋回之谜

关于地球过去的气候变化情况，我们将在第 4 章中详细讨论，在这里，我们讨论第四纪冰川时代的冰期-间冰期旋回的实际情况和其动态变化，这是气候系统变化的一个典型案例，与目前的气候条件密切相关。

3.4.1　冰川时代的开始和 2 万～4 万年周期的气候变动

第四纪是新生代最近的地质时期，也是包括现在在内的地球历史上最近的时期，它被定义为人类的出现和爆炸性进化开始后的时期，其起始时间最近从以前的 1.8Ma（Ma：100 万年前）修订为 2.6Ma（精确到 258.8 万年前）（Gibbard et al.，2010）。几乎同时，这一时期全球气候变得更加寒冷，北半球经历了冰原和冰川的反复扩张和收缩，即冰川时代（ice age）。然而，人类的进化时期与冰川时期相对应并不是单纯的巧合，而是应该被视为一种必然的关系，这一点将在后面讨论（参看 4.6.2 节）。

图 3-7 表示了自 5.5Ma 以来的全球气温变化。可以看出，自 3～2.5Ma，温度的下降趋势变得更加强烈，而且变动幅度更大。从 5.5Ma 到 2.5Ma 的前半段，

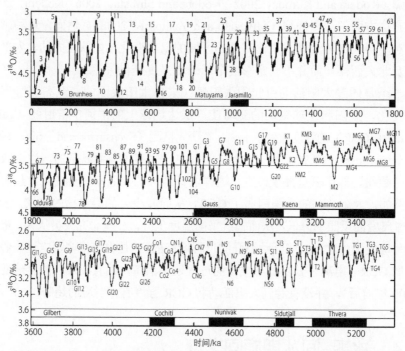

图 3-7　过去 500 万年（新近纪晚期～第四纪）全球平均温度指数的变化，根据海洋底层岩芯沉积物（碳酸盐）中的氧同位素比率（$\delta^{18}O$）估算（Lisiecki and Raymo，2005）

注意三个时间序列的纵轴是不同的（关注每个时间序列中纵辐 3.5‰处的线）。气温变化的尺度如图 4-19 所示。

在每个时间轴下面，标出了地球磁场的正（黑色）和负（白色）磁极时期

周期为 2 万～3 万年，这期间振幅较小，但从第四纪前半段 2.5Ma 到 1Ma，周期为 4 万年，从 1Ma 至今，10 万年周期一直占主导地位，而且振幅非常大。

关于冰川期气候周期的变化是通过何种机制产生的，现在仍有很多争论，研究指出，基本机制，如图 3-8 所示，由于地球与太阳和太阳系其他行星之间的引力的非线性相互作用，地球轨道要素的周期性运动（决定地球公转运动特性的因素），即公转离心率、转轴倾斜角及地球岁差的相互作用，导致了抵达地球表面的太阳辐射的季节性变化和纬度分布的复杂性。这种变化被称为米兰科维奇循环，以首次指出这一机制的米兰科维奇命名（Milankovic，1941；安成·柏谷，1992）。

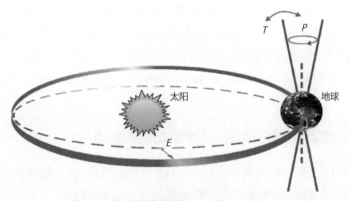

图 3-8　米兰科维奇循环（IPCC，2007）

地球表面的太阳辐射变化是由地球轨道的三个要素组合造成的：公转离心率（E）、
转轴倾斜角（T）及地球岁差（P）

公转离心率以 10 万～40 万年，转轴倾斜角以 4.1 万年，地球岁差运动以约 2 万年的周期为主，如图 3-7 所示，每个周期对应的气候变动为何会在不同时期发生变化和变异？有研究（Lisiecki and Raymo，2005）认为，由米兰科维奇循环引起的太阳辐射量的变动与海洋和大陆分布、冰雪分布和大气成分的变化错综复杂地交织在一起，而后者即地球内部各因素之间也在相互影响和变化，从而引起了这种变化和变异，不过目前还没有明确的答案。

在第四纪的前半段（2.6～1Ma），与约 4 万年的转轴倾斜角（地轴的斜度）的变动相对应，北半球高纬度地区的冰原扩张和收缩的冰川期旋回持续着，那么是什么引发了进入第四纪的寒冷冰期？如 4.6 节所述，与喜马拉雅山脉和青藏高原的隆起有关的风化和侵蚀造成的大气二氧化碳浓度下降（温室效应减弱）

和冷却趋势被认为是一个重要条件，但关于冰期旋回出现等，目前仍然没有确定的答案。目前地轴的倾斜度为 23.5°，但它迄今为止在 22.5°～24.5°变动，倾斜度较小的时期，太阳辐射的最大纬度带会偏移到较低的纬度，这可能会引起更大的南北温度梯度，如果要使极地地区变得更冷，南北热量传输效率（热传输强度）需要降低，满足这样的条件的话气候系统需要发生一些什么样的变化？

这一时期（大约 3Ma）发生的地球构造上的变化包括巴拿马地峡的出现（大西洋和太平洋的分离），以及澳大利亚和新几内亚的北缘抵达赤道。在前一种情况下，赤道太平洋东部的洋流涌升流增强（以及东西部水温差增大），导致热带地区的大气海洋东西环流的耦合系统（沃克环流）出现（Maslin and Christensen，2007），后一种情况是从太平洋流入印度洋的印度尼西亚贯穿流，用来自南太平洋的暖海水改变了源自北太平洋的冷海水，使得整个赤道印度洋的海水温度降低（Cane and Molnar，2001），据推测这与冰川时代的开始有关。

3.4.2　10 万年周期冰期–间冰期旋回的特点

特别是在过去近 100 万年中，10 万～12 万年的冰期-间冰期旋回变得更加明显。图 3-9 给出了根据南极冰芯的分析得到的这一时期的变动。10 万～12 万年的冰期-间冰期旋回显示了一个非常有特色的锯齿状变化形状。从间冰期到冰期的过渡是缓慢地趋于寒冷，而从冰期的最大值回到间冰期则非常迅速，大约只需要 1 万年。间冰期很短，持续一到几万年，而冰期则很长，并且盛行以大约 1000 年的周期性气候变动。值得注意的是，温室气体的二氧化碳和甲烷等也几乎与气温的变动同步变动，我们几乎可以确定，这些温室气体的变动与冰期旋回的机制有着密切的相关关系。

此外，大气中的尘埃在冰期的最盛行期也有所增加，表明冰期火山活动的增加和大气环流（风）强度的变化。冰期时期的尘埃量多，加强了对太阳辐射的遮阳伞效应，进一步促进和加强了寒冷天气，可能起到了正的反馈作用。

冰期和间冰期的气候特征是与全球平均气温变化高达 10℃相关联的冰冻圈，包括冰川和冰原的范围扩大的变化，如图 3-10 所示，在 1.8 万年前的最新冰期，北美大陆的北边几乎一半的部分，相当于今天的加拿大和阿拉斯加地区，以及

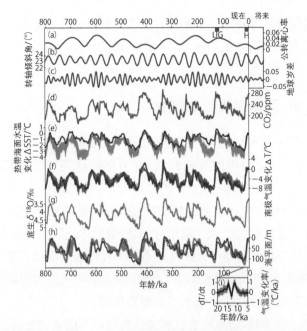

图 3-9 800ka（ka 表示千年），过去 80 万年地球轨道要素的变动和气候变动指标的
时间序列数据（IPCC，2013）

（a）公转离心率，（b）转轴倾斜角（地轴的斜度），（c）地球岁差，（d）大气中的 CO_2 浓度，
（e）热带海面水温，（f）南极气温变化，（g）基于底栖生物氧同位素比率 $\delta^{18}O$ 的全球冰量和深水水温比，
（h）根据气候模型演算的海平面，以及（i）最终冰期公元前 2 万年至公元前 5000 年的气温变化率，（‰）

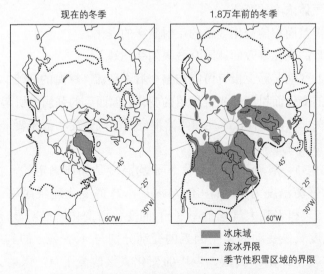

图 3-10 北半球冰期和间冰期的冰冻圈变化（Haftmann，1994）

欧洲大部分地区都被冰原覆盖。冬季积雪覆盖面积也到达北美大陆的大部分地区和欧亚大陆的大部分中高纬度地区，与左边的现状比较，可以看出其范围比现在大得多。

3.4.3 冰期–间冰期旋回的机制

我们在上一节中提到的全球气候大变动是以什么样的机制发生的？或者，最近直到现在持续了几十万年的周期约为 10 万年的冰期–间冰期旋回的机制是什么？

在冰期–间冰期旋回中，冰雪区域的扩张（收缩）是寒冷化的结果，同时，由于白色的雪和冰的区域的扩大（缩小），太阳辐射的反照率会加大（变小），增强或加剧了寒冷（变暖）的程度，在气候系统中发挥着重要的正反馈效应。再加上冰期 CO_2 含量减少导致的温室效应的减弱，以及因空气尘埃的增加而增强的遮阳伞效应，这些都在气候系统中起到了正反馈作用。

也就是说，冰期–间冰期旋回的机制被认为与以下因素的变化密切相关。

（1）入射到地球上的太阳辐射能的变动。这不一定是太阳自身的太阳活动的变化，而是由于万年时间尺度的地球公转轨道要素的变动，地球表面接收到的太阳辐射能的季节性变化及其纬度分布的变化所引起的变化，即之前介绍过的米兰科维奇循环。

（2）温室气体浓度的变化。

（3）冰雪覆盖面积的变化导致的反射照率的变化。

（4）粉尘量的变化导致的遮阳伞效果的变化等。

这些因素的变动实际上极有可能与整个海洋环流（深海的环流）的变化、由海洋生态系统的变化而引起的光合作用的变化、偏西风的强弱等引起的大气总环流的变化等有关。无论怎样，冰期和间冰期旋回的气候变动都需要一个能使全球温度变化多达 10℃ 的机制。

根据式（1-3），看看地球表面大气平均温度是如何确定的。由这个公式可以得到辐射平衡温度为 $T_e=[(1-A)S/4\varepsilon\sigma]^{1/4}$，$T_e$ 的变化随反照率（A）、太阳的入射能量（S）和表观大气辐射率（ε）的变化而变化。很明显，引起冰期–间冰期旋回尺度气候变动的 4 个因素的变动分别与 A、S 或 ε 的其中之一密切相关，即冰雪覆盖面积和云量、尘埃的变化直接改变了 A，入射太阳辐射的纬度和季节分布的变化直接改变了 S，而温室气体的变化直接改变了 ε。在这里，S 是重要的气候系统的外部因素，如太阳本身的活动和米兰科维奇循环中解释的地球轨道要素的变化。然而，即使 S 不发生变化，如图 3-10 所示，由冰冻圈变动引起的地球表层的反照率（A）和由于温室气体浓度的变化引起的大气温室效应（ε）的变动程度，也足以引起图 3-9 所示的全球气温变动。

3.4.4　用一个简单的气候模型再现冰期–间冰期旋回的机制

在这里，让我们讨论一下仅仅考虑改变气候系统的内部参数，能否使气候发生巨大变化的可能性。

苏联（现俄罗斯）的气候学家 M. I. Budyko 和美国的气候学家 W. D. Sellers 几乎同时发表论文（Budyko，1969；Sellers，1969）指出，图 3-10 所示的全球（半球）尺度的冰雪面积变化引起的反照率反馈效应，可能对冰期的形成具有重大的意义。

他们研究这个问题的出发点是辐射平衡温度的关系式[式（1-3）]，他们敏锐地洞察到，在这么长的一个时间尺度的气候变化中，这个公式里的反照率（A）基本上是由冰雪面积的扩大（或缩小）决定的，如图 3-11 所示。于是，假设冰雪面积是全球表面气温的函数。假定温室气体或其他因素没有变化，地表气温和辐射平衡温度 T_e 有一个简单的非线性关系，$A=A(T_e)$。T_e 和 A 之间的关系如图 3-11 所示。这个函数关系的意思是，如果 T_e 低，冰雪面积扩大，反照率（A）会随之增加；如果 T_e 高，冰雪面积缩小或消失，反照率（A）减少，而且如果气温过高，将不再有雪；如果气温过低，整个世界将被冰雪覆盖，在此之上不再有冰雪增加，与气温的简单非线性关系被限制在一定的温度范围内。也就是说，有两个气温阈值 T_H 和 T_L，如果气温高于 T_H，就没有冰雪，如果低于 T_H，就只有冰雪（全球冰雪），当 $T_L<T_e<T_H$ 之间时，冰雪面积会随着温度的变化而变化。如果这样的关系存在，全球气候可以得到什么样的平衡状态（稳态解）？

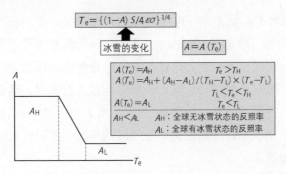

图 3-11　当反照率（A）仅由随地球表面温度 T_e 的变化而变化时的最简单的非线性关系

　　首先，为了简单起见，对红外辐射公式中的 $\sigma T_{\mathrm{e}}^{4}$ 进行线性近似，因为考虑的是 T_{e} 的有限范围，所以可以近似为 $\sigma T_{\mathrm{e}}^{4} \sim a+bT_{\mathrm{e}}$，然后，如图 3-12 所示，式（1-3）的左边和右边都可以用两条简单的线来表示，成为

$$[1-A(T_{\mathrm{e}})]S \sim 4(a+bT_{\mathrm{e}})$$

于是我们可以在图上找到对应的解 T_{e}。结果是，根据给定的不同的 $A(T_{\mathrm{e}})$ 函数，存在三个交点，即三种气候的平衡状态。第一个解是高温气候，$T_{\mathrm{e}}>T_{\mathrm{H}}$ 时，地球表面根本不存在冰雪（图中①）；第二个解是低温气候，$T_{\mathrm{e}}<T_{\mathrm{L}}$，全球被冰雪覆盖（图中③）；第三个解是 $T_{\mathrm{L}}<T_{\mathrm{e}}<T_{\mathrm{H}}$，在前两者之间，即部分冰雪存在（图中②）的气候。换句话说，即使来自太阳的入射能量和大气的温室效应不变，地球表面除部分存在冰雪的温和气候外，还可能出现没有冰雪的温暖气候，或者被冰雪覆盖的寒冷气候。

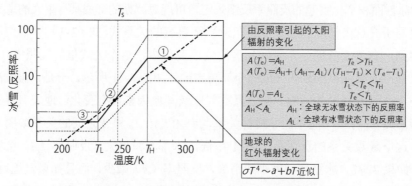

图 3-12　冰雪（反照率）随气温非线性变化时气候系统的冰期-间冰期的解说

横轴是全球平均表面气温，纵轴是出入地球表面的辐射量

　　虽然这个全球气候模型确实非常简单，由于地球表面的气温和冰雪面积之间的简单的非线性关系，即使在相同的条件下，如太阳辐射能不变，也可能出现三种气候平衡状态。

　　然而，在这三种平衡状态中，$T_{\mathrm{L}}<T_{\mathrm{e}}<T_{\mathrm{H}}$ 时存在部分冰雪的状况是气候摆动的一个非常不稳定的解（状态）。例如，如果气温朝高温方向稍稍摆动，入射的辐射能量就会多于出射的红外辐射，这样一来气温会更高从而达到没有冰雪的平衡状态；如果气温稍微向低处摆动，辐射能量将超过入射能量，达到全球冰雪的平衡状态，这是不稳定解的特性。而高温（+无冰雪）和低温（+全球冰雪）的平衡状态则是稳定的平衡状态，这是因为对于气温的摆动，入射能量和辐射能量的变化方向是回到平衡状态。

　　使用这个简单地假定温度和雪冰的非线性关系的辐射平衡气候模型（后面将

会被称为 Budyko-Sellers 模型），即便是在入射的太阳辐射能没有变化的情况下，由于引起气候变化的过程（履历），反照率（A）的正反馈效应也可能引起全球气候的变化，这项研究结果令人惊讶的地方是，它表明地球有可能从一个没有冰雪的炎热气候变成一个全球冰雪覆盖的寒冷气候。

3.4.5　考虑到气候南北分布的冰期–间冰期旋回的机制

Budyko-Sellers 模型以零维度讨论全球气候，是非常简单的全球平均气候变化特征，但如果将其应用于现实的二维或三维全球气候，是相当有问题的。

现实中的全球气候，如图 2-11 所示，其向内的入射能量和向外的红外辐射能量都呈南北分布，低纬度地区入射超过辐射的区域和高纬度地区辐射超过入射的区域之间的平衡由南北方向的热能传输来补偿。如图 3-13 所示，平衡状态是通过向高纬度地区输送热量来维持的，以补偿两极的负辐射能和赤道的正辐射能之间的差异，这是我们现实中的地球气候。而且热量传输由大气和海洋的热量传输之和来维持，甚至可以说，两极的净辐射能量和赤道的净辐射能量都取决于这个大气–海洋系统的热传输程度。正如 2.2.3 节所述，这种热量输送的量的大小和效率是由大气和海洋的结构和组成，以及其环流的强度决定的。换句话说，如何确定地球南北断面的能量平衡和输送的一维分布，这个问题最终与地球表层的二维和三维分布与构成密切相关，如陆地和海洋的分布，以及大气成分。

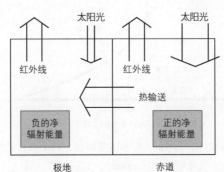

图 3-13　决定地球气候南北分布的两极和赤道之间的辐射和热传输平衡

因此，我们在 Budyko-Sellers 的零维气候模型的基础上，把南北分布加入，扩展为更接近现实的一维气候模型，来考察气候的平衡状态。在这种情况下，利用式（3-2）计算出南北方向各纬度作为输入量的太阳能、地球的红外辐射量和热传输平衡量（Held and Suarez，1974；Hartmann，1994）。

$$A + BT_s + \gamma(T_s - \tilde{T}_s) = \frac{S_0}{4} s(x) a_p \qquad (3\text{-}2)$$

式中，左边第二项的南北热传输量是按照全球平均气温（$\tilde{T}_s$）和每个纬度的气温（T_s）之间的差的比例来计算的，右边的 $s(x)$ 为纬度 x 的太阳辐射量；a_p 为考虑了该纬度的温度的反照率之后吸收的太阳辐射量。

在此，我们不详述式（3-2）的计算细节，把式中的太阳能强度（太阳常数）S_0 改为参数，会发生什么样的平衡状态的气候（冰层）分布？图 3-14 是利用北半球的纬度函数计算的结果。设目前的太阳常数为 1.0 时，冰原的南部界限可以位于两个纬度——约 70°N 和约 25°N。然而，与前面的关于零维模型的讨论相同，这种冰原南部极限在 25°N 左右的情况是一个不稳定的平衡状态，轻微的摆动将导致冰原极限向南移至赤道，一举使全球冰冻。而冰原极限在 70°N 左右的解是稳定解，这正好非常接近现今地球上的低纬度冰原的边缘纬度，如南极洲和格陵兰岛，因此比较接近现实。当太阳常数减到 0.98 左右时，一直在低纬度地区稳定下降的冰原极限会突然下降到赤道，导致全球冻结。

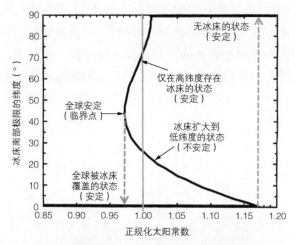

图 3-14　极地冰原的大小（南部极限纬度）对太阳常数变化的
依赖性（Hartmann，1994）

南北热量传输，在冰雪区域和非冰雪区域之间伴随着巨大温差的热传输，作为一种负反馈现象强烈地抑制了冰原向低纬度地区的扩张，当冰雪扩展到比某一临界纬度更低的纬度时（图 3-14 中的临界点），相比于热输送，冰雪的反照率所反射的太阳能量增加（在低纬度地区太阳能相对较大），低纬度一侧的入射太阳能大大降低，该模型结果显示，冰雪可以一下子蔓延到赤道。全球冰冻的平衡状态是否能在真实的全球气候中出现？这是一个重大问题，20 世纪末有研究指出，"雪球地球"实际上可能在 5 亿多年前就已经出现在地球上，这个时期被称为元古代，不过关于这个问题，目前仍在继续讨论（参看 4.3 节）。

如上所述，这些使用简单的零维和一维气候模型的数值实验都表明，地球的气候系统有一个特点，即由于其系统固有的非线性反馈效应，对于外因的变化，当其超过某个阈值（tipping point）时，会过渡到一个完全不同的平衡状态。

研究表明，由于负反馈的作用，地球的气候在某些时期可能相对稳定，但在另一些时期，由于正反馈的作用，可能会发生剧烈的重大变化。此外，在这些反馈中，水及其相变起着重要作用，这又是全球气候系统的一个特点。

3.4.6　10 万年周期的机制——利用冰原-气候模型的阐释

如图 3-9 所示，在第四纪晚期人类进化的最近约 100 万年里，伴随着冰原扩张和收缩的地球气候变化，相当于约 130m 的海平面变化，冰期-间冰期以大约 10 万年周期在循环。这种气候大变动的重要的控制因素之一被认为是与地球轨道要素的长期变化相关的入射到地球上的太阳辐射的变化（米兰科维奇循环），如本章所述（3.4.1 节）。在这个太阳辐射的变动中，有 2 万年伴随着地球自转轴的岁差运动，有 4 万年伴随着转轴倾斜角的变动和 10 万年变动周期的地球公转离心率的变化，特别是 2 万年、4 万年周期的振幅非常大。然而，如图 3-9 所示，冰期-间冰期旋回与冰盖的扩张和收缩有一个明显的 10 万年周期，并且其变化的模式在时间上是不对称的，缓慢地冷却（冰盖扩张）和快速地升温（冰盖收缩）。气候系统的内部反馈机制在 10 万年冰期-间冰期的周期性循环中发挥着作用。3.4.5 节介绍的那些简单的气候模型，一些研究（Oerlemans，1980；Pollard，1982；Maasch 和 Saltzman，1990）通过将内部反馈，如与冰原扩张有关的反照率反馈、与深海环流有关的海水温度以及大气中的二氧化碳浓度，作为适当的参数代入简单的气候模型中来解决这个问题，这里介绍一项最近的研究（Abe et al.，2013），该研究将全球气候模型（GCM）与冰盖模型相结合，再现了气候系统的更真实的过程。

Abe 等（2013）先用 GCM 将地球系统对各种气候因素的反馈效应估算出，将结果代入冰原-气候模型中，该模型与三维冰原动力学模型相结合，其中还包括了地壳对冰原的等静压黏弹性反应，进行了过去的 40 万年的积分，模拟了过去的冰盖变化，就各种气候因素的作用进行了敏感性实验。其结果成功地再现了冰原变化的 10 万年周期以及冰原扩张期间的冰原的量和地理分布。此外，对大气中的二氧化碳浓度和地壳的变形反应特征进行了单独变化的敏感性实验，结果表明，大气、冰原和地壳之间的非线性相互作用是对 2 万和 4 万年短周期的太阳辐射变化的反应，从而产生了 10 万年的周期，大气中的二氧化碳增加了冰期-间冰期周期的振幅。

特别是发现了太阳辐射强度的短周期（2 万年和 4 万年）变化导致冰盖变化（和气候变化）的 10 万年周期变化的这一构造，冰盖的平衡响应解，根据冰盖尺寸（冰盖体积）不同的 2 种初始条件，北美大陆的冰盖有多重响应解，这个发现对 10 万年周期的出现具有决定性意义。用图 3-15 来解释这一构造。这个气候模型是 GCM，可以重现与海陆分布和地形有关的偏西方波动的稳定波动，在落基山脉所在的北美大陆，对应着夏季 65°N 附近的太阳辐射最小值的 2 万年周期，使得冷空气较容易进入北美东北部，从而定常波模式被加强，造成夏天的低温和降雪，从而导致全年的雪量平衡为正值，有利于冰盖极大程度地增长。一旦积雪区域扩大，冰盖形成，即使在夏季太阳辐射达到 2 万年周期的最大值时，雪也不会消失，冰盖也会扩大。图 3-15 中的太阳辐射和冰原量显示与太阳辐射变化相对应的冰原量以 2 万年周期的时间演变，从大约没有冰原的 120ka BP（指 12 万年前）开始，每个点表示 2ka。从以 10 万年的周期变化的太阳辐射最强的 120ka BP 开始变化到极小的 20ka BP，质量平衡保持正值，冰原加速增长，最终，冰原在 20ka BP 时达到最大规模（图 3-15 右）。然而，随着冰盖的增大，冰盖的终点向南移到较低的纬度，质量平衡值开始减少，此时离心率又开始增加，夏季的阳光变得更强，质量平衡量变为负值，冰原开始迅速后退。一旦冰原开始后退，由于千沟万壑的大陆地壳的延迟反应，地表高度仍然保持很低，然而融化进行得很快，加上大气、冰原和地壳之间的非线性相互作用，导致冰原迅速缩小和消失，造成了周期为 10 万年的冰原体积的锯齿状变化。这个冰原-气候模型并没有模拟二氧化碳浓度的变化，现实的冰川周期是 10 万年左右的变动，通过海洋水温和深层水环流等，二氧化碳浓度在冰期较低，在间冰期较高这一事实，很有可能增强这种变动。

太阳辐射变化作为起搏器，冰原向低纬度扩大，到达冰原质量平衡量急剧变化的临界点（tipping point）这一研究结果，现实的全球气候系统中也有可能发生。

这样的变动和变化的特点表明，不仅长期的气候变化，如冰期循环，而且目前的全球变暖问题也会表现出类似的特点。当然，气候系统的构造和运作是复杂的，而且很明显，我们只知道它的一点片面的运作方式。

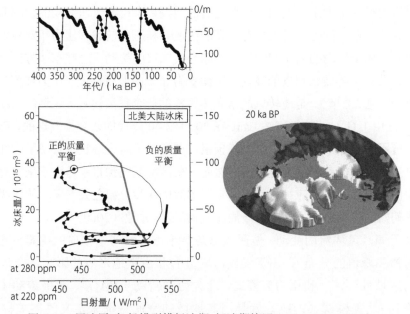

图 3-15　用冰原–气候模型模拟冰期–间冰期旋回（Abe el al., 2013）

上图是再现的海平面变化；下图是太阳辐射的变动和北美的冰原量的变动；

右图显示了在 20ka BP 时的冰原的三维分布，此时冰原处于最大状态

3.5　短周期的气候变动——气候系统的摆动

3.5.1　什么是气候系统的摆动？

如第 3.1 节所述，气候变动包括太阳活动引起的变化，由于温室气体变化而产生的辐射能量平衡的变化引起的气候变化，以及即使气候系统没有外力变化时也会发生的伴有非线性气候系统特征的自激变动，我们需要对这些区分理解。特别是后者的变动中包括了"摆动"。我们每年都会经历的气候的年际变动和季节中发生的天气变动。实际上，大多数时候，跟气候的这种摆动因素的关系是非常大的。

短期气候变动预测的困难在于我们必须理解这些摆动的机制。波动也有几个时间尺度，每个尺度所对应的系统内参与变动的元素（子系统）不同。下面我们将讨论几个不同时间尺度的气候摆动。

3.5.2　大气环流系统的摆动

1. 偏西风的波动

大气的运动总是在摆动的。特别是中纬度偏西风的蜿蜒模式每天都在迅速变

化。最短的时间尺度是几天到一星期左右的周期，表现为气压波动的振幅和相位变化的传播。压力的脊（压力相对较高的区域）和压力的谷（压力相对较低的区域）分别对应于地面的高压和低压，被称为天气尺度扰动。这些东西方向上从几千到一万公里不等波长尺度的波动，平衡着南北方向温度梯度（压力梯度）和科里奥利力（见 2.2 节），是地转风的南北热传输的一个重要过程。这种波的动力学（理论）是由 J. G. Charney 和 E. Eady 在 20 世纪 40 年代的研究中发现的，确定为压力梯度不稳定波。目前的数值天气预报，正是基于这一理论，实现了中纬度地区大气运动方程的高精度数值积分。然而，在日常天气预报中，由于来自海洋和陆地表面的热和动力效应被认为是固定了的时间尺度，加之大气运动的非线性效应这些初始值问题，预报极限为一周左右[详见浅井他（2000）等]。

关于偏西风环流的变动，偏西风总是显示出各种弯弯曲曲的蜿蜒分布（以及压力槽和峰值的分布），由于受到海陆分布和山脉地形等的影响，会呈现出独特的区域性环流（和压力）模式，北大西洋涛动（NAO）、北极涛动（AO）和太平洋-北美模式（PNA）就是用其地域的空间特征来定义的，被称为遥相关（teleconnection pattern）（Horel and Wallace. 1981；Wallace and Gutzler，1981）。

图 3-16 给出了大气环流变动中遥相关模式（PNA 和 NAO）的例子。PNA 是当偏西风越过落基山脉时，迎风侧的北太平洋是高气压（或低气压），落基山脉的上风侧是低气压（或高气压），而落基山脉的下风侧是高气压（或低气压），这一带很容易出现这种高—低—高或者相反的气压偏差的组合，因此可以根据这个分布来识别 PNA。同样，NAO 是北大西洋上空、格陵兰岛附近的低气压和亚热带

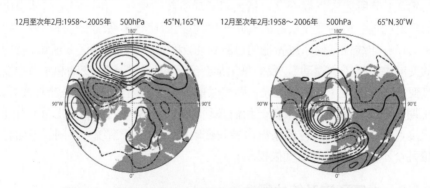

12月至次年2月:1958～2005年　500hPa　45°N,165°W　12月至次年2月:1958～2006年　500hPa　65°N,30°W

图 3-16　大气环流变动中遥相关模式的例子（IPCC，2007）

（右）PNA，（左）NAO；分别表示与参考点（45°N, 165°W, 和 65°N, 30°W）的气压变动的相关系数（实线是正相关，虚线是负相关）

大西洋（亚速尔群岛）的高气压的南北跷跷板式的气压分布变动模式。虽然这些气压分布在空间上有其固有的模式，然而从日变化到年变化也有其混沌的变动，这正是大气环流的摆动中存在一些特殊的空间模式。同时，来自热带 ENSO（见第 3.5.3 节）等的随机影响也会加强或者减弱这些模式。

2. 热带地区的季节内变动

另外，在南北温度梯度很小、科里奥利力也很小的热带地区，大气的热传输过程中主要是垂直方向的温度和湿度梯度引起的对流活动，而非水平方向的梯度。特别是在低层大气中有大量的水蒸气的热带地区，大气总是处于潜在不稳定状态（见 2.2 节），在这种不稳定性的消解过程中，常常伴随着云和降水的积云对流活动，同时它也是大气环流摆动的来源。台风等热带低气压随时间的发展很难预测，这是因为，由于地表状态（海面温度、地形等）的地理分布的潜在不稳定大气，与季风环流（见第 2.3 和 2.4 节）、科里奥利力的巨大南北梯度（尽管绝对值很小）相互作用产生大尺度的汇集和发散场，并且群体性地发展，给台风预报带来了困难。

季节内变动（intraseasonal variation），指的是以热带和亚热带地区为中心的大气环流的摆动，时间尺度（周期）为 10 天到几十天。特别是周期为 30～50 天的较长周期变化被称为 Madden-Julian 振荡（Madden-Julian Oscillation，MJO），以其发现者命名（Madden and Julian，1971，1972）。这个振荡发生在赤道印度洋西部，伴随着低气压和对流活动区域，在赤道附近发展并向东移，在海水温度最高的西部热带太平洋最为发达，在海水温度变低的热带太平洋东部衰减，重复着这样一个生命周期（图 3-17）。气压和大气环流的变动是赤道上环绕地球一周的周期性的振荡。这种大气振荡几乎全年都存在，但在南半球的夏季更为明显。作者的研究发现，在北半球的夏季，它与印度季风环流结合，产生了南北季风的季节性变化（Yasunari，1979，1980，1981）。

虽然 MJO 的机制还没有完全被阐明，但赤道附近局部发达的积云对流活动和由这种对流活动激发的沿着赤道的大气波之间的相互作用起着重要作用。特别是与高海面水温有关的非常潮湿的大气下层会引起积云对流活动，一旦积云对流群发展起来，其周边的气流就会下降，在原地形成一个大气环流。赤道的上升气流形成的大气环流会将水蒸气进一步送入积云对流群，对流积云被组合在一起生成一种被称为云团（cloud cluster）的热带低气压，尺度为 500～1000km，云团又会进一步组合成尺度为 1000～2000km 的超级云团。然而，赤道附近的大气

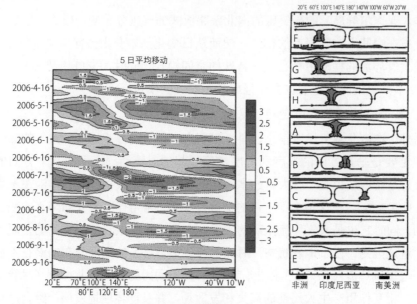

图 3-17　Madden-Julian 振荡（MJO）的东西结构

（左）2006 年 MJO 指数（OLR 的 5 天移动平均偏差）的东西和时间截面（美国气候预报中心）；
（右）赤道附近的对流活动、气压和大气环流的时间演变示意图（Madden and Julian，1972）

会激发赤道周围的开尔文波和离赤道不远的近旁的罗斯贝波，基于上述开尔文波和罗斯贝波的构造，形成了东西向不对称的大气环流系统（Matsuno，1966；Gill，1980）。因此，水汽输送也是东向西不对称的，超级云团在水汽及其汇集增强的方向上缓慢移动。事实上，由于受向东移动的开尔文波的影响更大，只要大气的潜在不稳定和积云对流活动得以维持，它就会缓慢地向东移动（5~10m/s）。这个时间尺度上的大气变化中、大气-海洋的相互作用（反馈）不太明显，一般认为，大气中水汽的分布、输送和汇集了 MJO 的基本变化。然而，有研究认为也有这样的可能性，由于风的压力，赤道周围的这种大气环流会在海洋表层引起涌升流和下沉流，因而改变海水温度，又影响到积云对流活动，从而控制了 MJO。究竟是什么决定了 MJO 的周期性和活动程度，目前仍有许多还未明确的部分。

如图 3-16 所示，这个热带 MJO 的另一个重要功能是激发大气中的遥相关模式来影响中高纬度的西风环流。日本夏季和冬季在这个时间尺度上的天气摆动，与西热带太平洋上的 MJO 的对流活动的变动有很强的遥相关关系。

3.5.3　大气和海洋系统的摆动–ENSO 现象

长期气候变动或者是正在变化中的情况下，气候的年际变动可以说是气候的一种摆动，当我们说"这个夏天雨真多（或雨真少），或者这个冬天很冷（或很暖）"等时，这是对我们每个季节气候变化最深的感受。厄尔尼诺-南方涛动（ENSO）是以热带太平洋为中心的大气和海洋系统的变化，主导着热带、中高纬度和全球气候的年际变化。

如果把地球仪放在你面前，你会看到太平洋是迄今为止地球表面上最大的海洋。事实上，太平洋占据了地球总面积的大约三分之一，即 1.6 亿平方公里。太平洋中，南北纬约 20° 以内的热带太平洋部分的面积特别大，约占整个太平洋面积的一半，或者说约占整个热带地区面积的一半。

厄尔尼诺现象是在这个海域伴随着大尺度海气相互作用而产生的气候摆动。一方面，第 2.4 中节已经提到的，由于包括青藏高原在内的最大的欧亚大陆的存在，在西太平洋热带海域形成了地球上最大的暖水池。另一方面，在南美附近的热带东太平洋，由于偏东风沿着赤道引起的埃克曼效应，产生了赤道上升流，使得海水温度比较低，即使在赤道上也低于 25℃。因此，热带太平洋的西部和东部之间存在着几度（或更多）的海水温度梯度。在温暖的热带西太平洋海域，对流活动活跃，平均来说上升气流盛行，而在较冷的东部海域，下降气流盛行，沿着赤道的东西方向形成了一个赤道太平洋尺度的东西环流（沃克环流）的平均场，如图 3-18（a）（插图 1）所示。这个大气环流，使得赤道海流把海洋表层的暖水沿赤道向西运送，暖水在西太平洋聚集，维持和加强了那里的大气对流运动，同时由于东太平洋的上升流的维持和强化，大气中的下沉气流也得以维持和强化。这种大气环流和大洋环流的相互强化的正反馈效应，是大气海洋系统的一种状态，维持着一种动态的平衡。

然而，在这个热带太平洋整个区域的大气海洋环流系统的动态平衡状态中，如果系统的某个部分失去平衡，整个系统可能会立即发生变化。比如，因某种原因，沿着赤道吹的偏东风减弱，那么随着西部对流活动的减弱，由东风产生的应力而维持的暖水和上升流也会随之减弱，东西方向的海面水温（和气压）梯度也将减弱，对流活动区将会进一步东移。这种状态就是厄尔尼诺现象[图 3-18（b）]（插图 1）。

这种位于秘鲁沿海的原本寒冷的海水温度区域，会在圣诞节前后以几年为一个周期升温，当地渔民早就发现了这种现状，他们称之为"厄尔尼诺"（上帝之子基督），这就是厄尔尼诺这一称呼的由来。但是，这种现象并不是一种局部现象，自 20 世纪 80 年代以来的研究表明，这种现象实际上是由整个热带太平洋的大气变化（南方涛动）和赤道太平洋的全球海温变化的相互作用引起的，是一种如前所述的大气-海洋互动系统的变化（Rasmusson and Wallace，1983）。然后，海洋学家 G.Philander（Philander，1990）又将与西部海水温度升高的厄尔尼诺现象相反的状态命名为拉尼娜（La Nina），作为厄尔尼诺的反面（与厄尔尼诺不同，拉尼娜是后来命名的，并没有在秘鲁海岸长期存在的历史）。

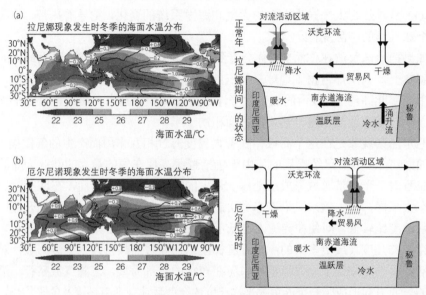

图 3-18 （a）拉尼娜期间（平常强化状态）的北半球冬季海面水温分布（左）和大气海洋
系统状态模式图（右），海面水温分布由实测值和平均年的偏差值表示（日本气象厅）；
（b）同样的图但在厄尔尼诺期间（参见插图 1）

这种在热带太平洋地区反复出现的厄尔尼诺-拉尼娜周期现象现在被称为 ENSO。如图 3-19 所示，在 ENSO 周期中，厄尔尼诺和拉尼娜周期每隔几年（3～7 年）就会重复一次，其机制被认为是，作为基本场被保持或加强的拉尼娜状态，会在几年的间隔内崩溃，然后就产生了厄尔尼诺现象。

那么，究竟是什么每隔几年就会触发一次厄尔尼诺现象呢？是海洋一侧的原因？还是大气一侧的原因？关于这方面已经进行了许多理论方面和观测方面的研究，特别是 20 世纪 80 年代以来，但到目前为止仍然没有得到充分的解释。然而，从图 3-18 中可以看出，由于东风（贸易风）的应力，西赤道太平洋海洋表层的暖水积累过程及其容量极限决定了几年的周期性，还有一个重要的线索是，偶然发现的大气层一侧的东风减弱或印度洋和印度尼西亚周围的强西风（西风爆发）的出现，对触发海洋表面的状况转向厄尔尼诺状态起着重要作用，在目前大气-海洋循环耦合模型（GCM）中，这些过程被导入用来预测厄尔尼诺现象。

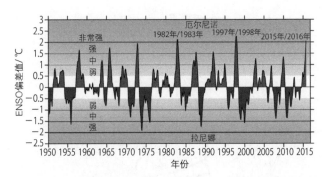

图 3-19　热带太平洋中部（120°W～170°W，5°N～5°S）的海面水温（SST）
（5 个月的移动平均）年平均偏差显示的 ENSO 指数（美国国家大气研究中心）

如图 3-17 所示，沿着赤道的西风爆发的发现，会伴随着从印度洋向东移动到西
太平洋相关的云系，这个云系与前面描述的大气一侧的季节内变化的 MJO 相关。换
句话说，由于这中间的大气摆动过程的参与，ENSO 的预测变得更加困难。此外，
研究者们还指出了海洋过程的重要性，在赤道的亚热带一侧稍远的海洋中，被风的
变化等所激发的缓慢向西移动的罗斯贝波，被大陆海岸反射，成为沿赤道向东的开
尔文波，引发了厄尔尼诺现象（Cane and Zebiak，1985；Schopf and Suarez，1988 等）。

ENSO 现象在拉尼娜期间，西部热带太平洋的大规模对流活动得到加强，而
在厄尔尼诺现象期间，中部热带太平洋的大规模对流活动则非常活跃，从而引起
中高纬度偏西风带的定常罗斯贝波的响应，持续加强了前面提到的 PNA 等的遥
相关模式，这些是北半球中高纬度地区各地极端天气现象的来源。例如，在拉尼
娜或类似条件下的夏季，西部热带太平洋的对流活动增强时，会强化从该地区到
东亚的南北环流，如图 3-20 所示，并加强日本周围的副热带高气压（太平洋高气
压），给日本带来炎热的夏天（Nitta，1987）。另外，在冬季，西风急流倾向于
加强其南下（蜿蜒运动）的运动，促进日本附近的强冷气团南下，给日本带来
寒冷的冬天。

3.5.4　大气、海洋、陆地相互作用系统的摆动

此外，亚洲季风环流与西部热带太平洋的暖水区域的形成也密切相关（见 2.6
节）。前面已经提到，亚洲季风是由大陆和海洋之间的热力差异产生的大气环流
（包括青藏高原等山脉的影响），但大陆和海洋之间的季风环流的变化对海洋的状
态也有很大影响。

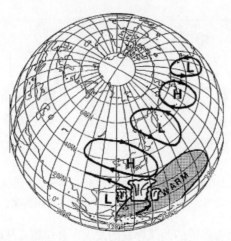

图 3-20　热带西太平洋强对流情况下日本周围的气压偏差分布，H 和 L 分别表示与遥相关型
对应的气压偏差（H 是正偏差，L 是负偏差）（Nitta，1987）

　　例如，夏季亚洲季风和太平洋副热带高压是由大陆和海洋的热力差异同时形成的（Abe et al.，2003）。因此，随着季风的增强，副热带高压也在变强，从高压吹来的东风（贸易风）也被强化。在热带太平洋，这个贸易风是沿着赤道的东风，导致秘鲁海岸附近的东部赤道太平洋沿线出现赤道涌升洋流，使海面水温降低，另外，西部热带太平洋暖水聚集，使海面水温上升。也就是说，强季风环流很容易与所谓的拉尼娜状态相耦合，反之，弱季风环流很容易与厄尔尼诺状态结合。这就对应了早就发现的厄尔尼诺年亚洲季风比较弱这一说法（Walker，1923，1924；Walker and Bliss，1932）。

　　然而，自 1990 年以来的研究表明，强（弱）的夏季亚洲季风之后，北半球冬季的海洋大陆（西部热带太平洋）上空会有强（弱）的对流活动，导致拉尼娜（厄尔尼诺）现象，研究表明（Meehl，1987；Yasunari，1990），亚洲季风的变化在相当程度上决定了热带太平洋的大气与海洋系统的变化，两者之间有一个与季节性差异的时间相关（图 3-21）。即亚洲季风的变化与热带太平洋区域的大气海洋耦合系统的状态密切相关。作者将这个系统命名为季风/大气/海洋系统（monsoon/atmosphere/ocean system，MAOS）。MAOS 具有准 2 年周期振荡的特征，如图 3-21 中的相关值所示，MOAS 的年偏差显示出一种特殊的季节性，即从大约亚洲夏季季风的时候开始，持续一年左右的时间。

　　研究发现，MAOS 的变化特征是通过副热带高压的强弱和罗斯贝波的传播机制，对北太平洋副热带和中纬度地区从夏季至冬季的大气环流的变化产生了重大影响。比如，在夏季亚洲季风较弱的年份，被称为 PNA（图 3-16）的从北太

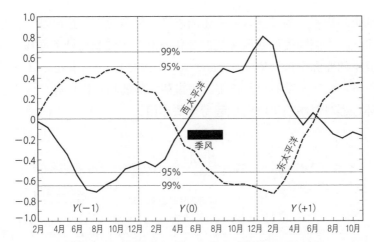

图 3-21　夏季亚洲季风变化与热带太平洋的大气和海洋系统变化之间的
时差性相关（Yasunari，1990）

6～8 月印度的季风降水量与赤道西太平洋（实线）和东太平洋（虚线）的前一年 Y（−1）
至次年 Y（+1）期间每月的海水水温之间的相关系数

平洋到北美大陆的偏西风蜿蜒运动的大气环流模式将会盛行。在这之后的冬季，半球尺度范围内的西风环流由当年秋季的大气环流作为初始条件（引发源），在背风面一侧的北美东海岸或者远东地区将形成一个大槽，另外，欧亚大陆上空的风的蜿蜒曲行减少，形成一种类似于带状流的模式。

　　相反，当季风强劲时，在接下来的冬季，从北太平洋到北美的偏西风会变得更加类似于带状流，另外，欧亚大陆上空的气压槽压力容易被加强。换句话说，夏季亚洲季风改变了秋季到冬季的热带太平洋的大气海洋系统的状态，被改变的冬季热带海洋的状态又显著地影响着中高纬度地区的大气环流变化，这反过来又影响了第二年夏季的亚洲季风，即热带太平洋的大气海洋系统与中高纬度大气环流系统之间存在双向的气候摆动，这个双向的摆动是介于亚洲季风的存在而相互影响的。

　　另外，长久以来，人们都知道欧亚大陆冬春季积雪的变化对随后的夏季亚洲季风有重大影响。这并不奇怪，正如第 2.3 节所指出的，前一个冬春季的积雪面积的多寡影响了夏季地面加热的物理过程，一些气候模型（GCM）的数值实验也已经指出了这种可能性（Barnett et al.，1989；Yasunari et al.，1991；Verneker et al.，1995）。所以，冬季欧亚大陆上空的气压槽的强弱决定了该大陆积雪量的多寡，并且，通过冬春季积雪面积的偏差而形成的物理过程影响了即将到来的夏天亚洲季风的偏差。也就是说，如图 3-22 所示，包括 MAOS 和中高纬度偏西风环流的准 2 年振荡的气候系统的变化机制中，热带和中高纬度之间存在着不同季节之间相互作用的物理进程：弱（强）夏季亚洲季风→厄尔尼诺（拉尼娜）状态的热带大气海洋系统→中高纬度偏西风环流的变化→欧亚大陆积雪覆盖面积少（多）→强（弱）夏季的亚洲季风（Yasunari and Seki，1992）。可以看出，在这样的物理机制中，季风、大气海洋的相互作用、积雪和大气的相互作用等，这些包含水相变的水循环过程对气候的年际变化起着重要作用。

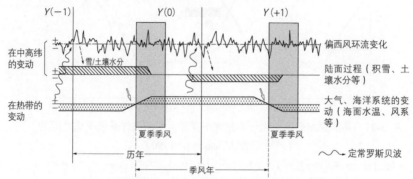

图 3-22　热带大气海洋系统和中高纬度环流通过亚洲季风和大陆的大气陆面相互作用的相互影响（Yasunari and Seki，1992）

综上所述，在全球气候系统中，亚洲季风连接着热带大气海洋系统的变化和中高纬度偏西风环流的变化，这种连接是通过陆地的雪盖面积和土壤水分等的变化而实现，并具有影响到年际尺度变化的重要机能。关于 ENSO 和季风之间的耦合的解说，详见植田（2012）或 Ueda（2014）。

3.5.5　十年和数十年周期的气候变动

对过去 100 年左右的大气和海洋观测数据的分析表明，全球气候摆动不仅包括与 ENSO 相关的几年的周期性变化，而且还包括时间尺度更长的变化，从十年到几十年不等。其中一个典型的例子是太平洋十年际振荡（Pacific decadal oscillation，PDO）或太平洋年代际振荡（interdecadal Pacific oscillation，IPO），这是大气海洋系统的振荡（Mantua et al.，1997；Newman et al.，2003）。图 3-23 右图给出了 PDO 的空间模式及其时间变化（插图 2）。从图中我们可以比较相同太平洋尺度的大气海洋系统变动的 ENSO 空间模式和其时间变化。图中使用了太平洋区域的 SST 数据和表层风的数据，通过主成分分析（经验正交函数展开）得到的独立变率模型。虽然空间模式看上去似乎是相似的，但是 PDO 在北太平洋和热带中太平洋的海面水温的跷板式模式（以及与之相应的风系变化）比较显著，与之相对应的是，ENDO 模式在赤道太平洋中部和东部的变化非常大，以跷板式模式出现的北太平洋偏差的时间序列非常小，与之比较，PDO 在 1900 年、1930年、1940 年、1960 年、1980 年和 2000 年左右有最大值出现。虽然有些不规则，但能看到 20 年左右的显著的周期性振荡。而在 ENSO 模式中，数年周期的变动比较显著，较长周期的变化很少被观察到。

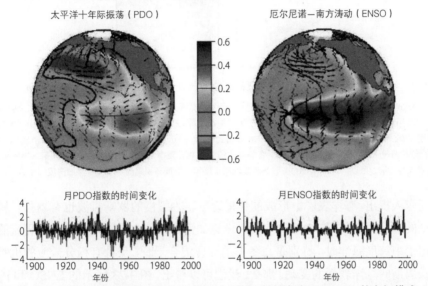

图 3-23　太平洋十年际尺度振荡（PDO）和厄尔尼诺-南方涛动（ENSO）的空间模式（上）
和时间变化（下）（Mantua et al.，1997）（参见插图 2）

关于 PDO 的机制，虽然目前还不清楚，但研究者们在哈塞尔曼（Hasselmann）等的理论基础上，提出了几种解释，比如短周期或者白噪声的大气变化通过风的应力，对海洋表层造成随机压力时，在表层海洋中产生了长周期的变化（Hasselmann，1976；Frankignoul and Hasselmann，1977）。

特别是，PDO 盛行的空间领域是在 ENSO 及其所影响的北太平洋地区，由于它们的空间模式相似等原因，源于 ENSO 的大气状态对北太平洋的阿留申群岛的低气压附近深层海洋表面产生影响，这个影响将使混合层的整体温度在接下来的夏季和下一年（以及更多年份）持续保持，从而产生了更加长期的表层海洋的偏差（图 3-24），这是目前的一个有力的解释（Deser et al.，2003）。阿留申低压（和北大西洋的冰岛低压）（特别是在冬季低压发达时）会形成深海洋混合层，加之这个低压系统的变动受到 ENSO 时间尺度的影响，所以以阿留申群岛低压附近的海洋为中心，产生了比 ENSO 尺度更长的长周期深海洋混合层（埃克曼层）的变化。

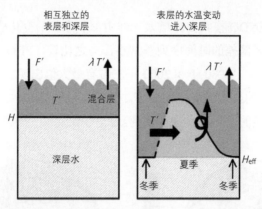

图 3-24 大气白噪声变化引起的中纬度海面水温长期变化的机制（Deser et al.，2003）

（左）Frankignoul 和 Hasselmann（1977）的简单随机的原始气候模式，（右）Deser 等提出的扩展模式。两个模式中都假设海洋混合层的温度偏差（T'）只是来自于大气的热通量（F'），其中的一部分又以 $\lambda T'$ 的比例返回大气中。在原始模式中，混合层深度（H）是一定的；在扩展模式中，H 显示了一个强烈的季节性周期，冬季最大，夏季最小。在这种情况下，如图中粗黑箭头所示，冬季产生的 T' 可以在夏季混合层下持续存在，并在第二年冬季重新进入混合层。所以，这个系统的有效热容量取决于连年季节循环积累的冬季混合层的深度（H_{eff}）

　　还有人提出，海洋表层中形成的传播速度较为缓慢的罗斯贝波也有增强长周期的变动的洋流力学作用（Jin，1997）。无论如何，其基本机制是，当大气环流的变化作用于中纬度海洋时，特别是在冬季的深层混合层时，一种有积分效应的机制会引起长周期的海洋表面的变动。那么，我们可以看出，图 3-23 所示的 ENSO 和 PDO 模式的物理过程并不是完全相互独立的，热带和中纬度地区的大气和洋面之间的相互作用过程的不同，产生了更短和更长周期的成分。事实上，ENSO 有非常强的厄尔尼诺年和弱的厄尔尼诺年，存在着一个较长期的振幅变动调节的要素，这个振幅变动可能是由 PDO 引起的？还是通过另一种机制影响到 ENSO？从而以被称为 PDO 中纬度大气海洋系统的长周期变动出现？仍然需要进一步的研究。

　　这种短周期大气环流变化激发中纬度海洋表层因风压而产生较长周期变化的过程，可以用以下事实来解释：在大陆尺度的陆地表面，由特定季节的短周期大气环流变化的累积结果产生的季节性积雪和土壤湿度，导致了气候的年际变化，这一过程类似于对大气与陆地表面相互作用（图 3-22）。

　　十年到数十年尺度的气候变动是最近全球变暖问题中最有争议的一个问题，因为它在时间尺度上与最近的 100 年气候趋势（线性长期趋势）很接近。尽管温室气体在持续增加，而全球平均气温在 21 世纪的前十年并没有上升很多，这导致人们开始对全球变暖是否真的是由温室气体增加引起的持怀疑态度。关于这个问题，在过去十年中，PDO 一直是负值，东赤道太平洋的低海水温度（和气温）

使全球气温的上升受到抑制；而在 20 世纪的最后十年，PDO 是正值，加强了变暖趋势，这一结果也通过用大气海洋耦合模型和大气环流模型的数值实验加以证实（Watanabe et al.，2014；IPCC，2013）。

3.5.6　更长周期的气候变动——是摆动还是由外部力量作用引起的变动

在第 3.4 节中，我们已经阐明，冰期-间冰期旋回，基本上可以认为是由米兰科维奇循环（由于地球轨道要素的常年变化导致的日照的纬度和季节分布的常年变化）作为一种起搏器，加上地球系统中的冰盖量（以及相关的地壳均衡）和与海洋变化有关的温室气体通过非线性组合而产生的。

自上个冰川期结束之后，约 1 万年以来的全新世（Holocene）气温变化中（图 3-25），特别是在大约 8000 年前的高峰期，由于受到米兰科维奇循环的影响，当时北半球夏季和秋季的日照量比现在高 $20\sim30W/m^2$，如图 3-26 所示，北半球的温度比现在高，亚洲和非洲的季风也比现在强，原因是欧亚大陆的加热比现在强（IPCC，2013；日本气象学会，2014 等）。从那之后，北半球的气温在数千年尺度内普遍下降，直到现在，除了 19 世纪末以来的升温趋势外。这可能从根本上与米兰科维奇循环有关的北半球夏季的日照量减少有关。

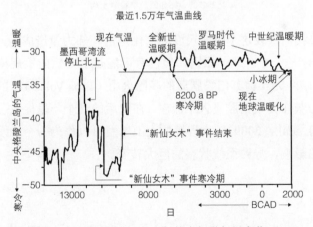

图 3-25　从最后一个冰期到公元 2000 年的全新世气温变化（Alley，2000）

此外，通过冰芯分析和年轮分析复原重建的北半球过去 1000～2000 年的气温变化（图 3-26），显示了百年至数百年尺度的气温微弱的冷暖变化，我们应该如何考量这种变化？事实上，这个时间尺度的气候变化仍有许多谜团。另外，复原重建的气候数据本身不可避免有误差和不确定性的影响，因此很难区分真实和表面的变动。2009～2010 年发生的所谓"气候门"丑闻也与过去几千年到最近这个时间尺度上的气候变化的合理性（简言之，20 世纪以来的地球变暖的问题是否是地球气候的自然变动？因为在过去数千年的时间尺度中，地球气候也有过"自然变化"的温暖期）有密切关系。如果我们把它看作是纯粹的气候系统的长期"摆动"，那么也许它应该是大气海洋系统的振荡，包括海洋的深层水循环和（如格陵兰岛和西南极冰盖的）冰雪系统。

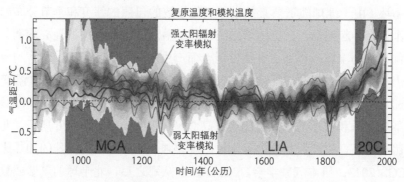

图 3-26　北半球过去 1200 年的平均气温变化（IPCC，2013）

图中不同的曲线表示来自不同数据的推算结果，MCA（Medieval Climate Anomaly）表示中世纪气候相对温暖的时期，LIA（Little Ice Age）是 15～19 世纪气候相对寒冷的时期，20C 是 20 世纪以来迅速变暖的时期。关于 20C 的详细介绍，参看第 5 章

另外，如果我们假设这个时间尺度的变化是由外部力量造成的，长期的太阳活动（TSI）变化是一个合理的原因，但也有可能是由突然的大规模火山爆发引发的变化。大约 7.4 万年前苏门答腊岛的多巴火山（Toba Volcano）的巨大爆炸所产生的大量火山灰作为气溶胶飞入平流层，在随后的几十年里促成了全球气候的寒冷化（Robock et al.，2009）。大规模的火山爆发可以作为一个触发器，对气候系统产生巨大的影响，导致系统状态的巨大转变。

第4章　地球气候系统的进化

4.1　地球系统进化之视点

在第 3 章中我们已经讨论了从大约 260 万年前开始到现在的全球气候变动和变化的现实和机制。本章将介绍从地球形成到现在的 46 亿年的漫长历史中关于地球气候变化的最新发现，以及如何从全球气候学的角度来解释这种变化？笔者将给出自己的解释。这一章的标题是"地球气候系统的进化"，而不是"变化"，为何一定要使用"进化"（evolution）①一词？基于这样的认识，如第 3 章所述，决定"地球气候系统"结构的因素，如地球表层的大气成分、大气圈、陆地和海洋的分布以及地形条件，这些与包括固体地球和生物圈的地球系统的进化密切相关并发生着连环式的变化。"进化"一词最初来自生物的进化，并被定义为"一个生物群体的特性经过世世代代的时间发生变化的现象"。近年来，根据宇宙学和物理学的发展，包括地球和其他行星的宇宙的形成和结构的变化也被用"进化"一词来描述。"进化"一词，基于生物和物理理论，意味着长期的、不可逆的变化。

有趣的是，地球气候系统的进化与基于物理学的宇宙和太阳系的进化以及基于生物学的生物体的进化都密切相关。特别是，我们后面将要讲到，地球气候系统的进化应该被理解为一种"共同进化"（co-evolution），在这种进化过程中，作为太阳或行星系统的固体地球的进化和生命（圈）的进化都是相互影响的。换句话说，地球气候的进化只能从将物理现象的气候系统和生物学的生命圈进化结合起来的角度来理解。这也是第 5 章中讨论人类活动和气候系统变化关系的一个重要前提。

自 20 世纪末以来，我们对 46 亿年历史的地球系统的形成和进化的理解有了很大的进步。许多面向大众的优秀日文书籍已经出版[比如，阿部（2015）；ヘイ

---

①　"进化"（evolution）这个词并不意味着"进步"。我们必须留意这两个词的区别，在日语中，英语的 evolution 被翻译成"进化"，这似乎意味着生物群体随着时间而"进步"。加之现今，又有很多媒体，把"进化"一词常与"进步"（progress）一词同义使用或误用，更加助长了这种混淆。

ゼン（2014）；田近（2009）；松本他（2007）；東京大学地球惑星システム科学講座編（2004）；川上（2000）]，总结了这方面成果，具体就不在这里详述了。特别是地球形成后 40 亿年的漫长地质时期，即所谓的前寒武纪，被发现的生物化石很少，因此地表环境和气候的变迁一直是个谜。除了最近的实地野外考察研究以外，利用同位素对地层和岩石进行的新的分析以及关于物理和化学相位平衡的理论和数字模型实验，揭示了一系列的新事实。

4.2　水行星地球的诞生

4.2.1　大气和海洋的形成

当我们考虑地球气候的过去、现在和未来时，地球的基本特性是水（H_2O）作为液体、固体和气体存在于这个行星上，这是地球作为"水行星"的一个条件，我们已经在第 1.2 节中讲过。那么，在太阳系中的四颗地球类行星中，水星、金星、地球和火星都很相近，大小、质量和形成过程也相似，为什么只有地球能作为水行星存在 40 多亿年？

特别是，地球表面的液态水的存在是气候特征和生命存在的一个非常重要的条件。要满足这一点，有三个必须的条件：①行星内部必须有水存在；②水能够被保留在行星的表面；③部分或大部分水必须能够在行星表面以液体形式存在（阿部，2004）。在本节中，我们将根据最近的研究（Hamano et al.，2013），讨论气候系统的基本要素，即大气和海洋是如何形成的，与上述三个条件密切相关。

在太阳系的形成过程中，靠近太阳的所谓地球型行星，水星、金星、地球和火星，据说是由微型行星的碰撞形成的。根据现今对陨石的成分分析，这些行星主要由 H_2O、CO_2、CH_4、H_2、N_2、HCl、SO_2 等组成。数值模拟实验表明，在由微型行星的大规模撞击产生的热量而融化和形成的岩浆海洋的冷却过程中，近地行星的金星、地球和火星，可以根据其到达太阳的距离（辐射平衡温度），大致分为两类不同表层的行星。地球属于第一类，其特征是离太阳相对较远，在大约 100 万年的时间里，分化并形成了由 N_2、CO_2、H_2O 等组成的大气，含有 CO_2、SO_2 等溶解物的海洋（液态 H_2O）和其下面的固态物质部分；金星属于第二类，由于金星与太阳的距离较近，其表面的平衡辐射温度较高，需要大约 1 亿年的时间才能凝固，在此期间，H_2O（水蒸气）流失，因此没有海洋，只有以二氧化碳为主的大气被分化在其表面。

根据阿部（2004）的研究，一个星球表面的海洋（液态水）能够稳定存在的条件是：它必须有大约目前地球海洋质量的三十分之一的 H_2O；其他气体约 600 大气压（atm）以下；行星辐射在 70～310W/m² 范围以内。在地球产生时，太阳辐射约为 240W/m²，这一条件足以形成海洋。火星由于离太阳更远，所以 H_2O 可能已经被凝固了，最近的火星探测器观察到似乎有水在火星表面流动过的痕迹，可以推测，火星在形成后曾经一度有过液态水和海洋。然而，火星的质量只有地球的十分之一，像 H_2O 这样轻的物质很容易从星球逃逸，火星本身的冷却速度也比地球快，所以可以想象之后的火山爆发等地质活动也会比较弱。

无论如何，我们可以知道，原始地球的象征——岩浆海洋开始冷却的同时，地球表面已经形成了大气层和海洋，即使它们的成分与今天有很大不同。从地球诞生后（可能在 1 亿年内），地球表面的 H_2O（液态水）作为海洋持续存在于地球表面，这一点被认为是包括气候和生命的地球系统随后进化的一个非常重要的条件。

4.2.2　海洋地壳和陆地地壳的形成

我们在第 2 章和第 3 章中已经提到的，海陆分布和大型山脉等地形分布在很大程度上决定了全球气候的状况。因此，1000 万年～1 亿年尺度的地球气候变化，主要取决于这些海陆分布和大型山脉等地形分布的地质尺度的变化。地球表面的这些主要变化在板块构造学中得到了解释（见专栏 5），它提供了对地球表面变化的统一理解。那么，在地球的历史上，除了形成海底的海洋板块之外，大陆板块（包括大型山脉地形）的形成和板块运动是什么时候开始的呢？

在岩浆海洋的冷却过程中，以玄武岩为主的海洋地壳首先在地球顶层形成，原始海洋也大约在同一时间在其上面形成，海洋地壳下部等的玄武岩由于存在于水下的原因被融化，形成了以石英（SiO_2）为主的轻质花岗岩质的石块，这些轻石块开始聚集于海洋地壳的上部，如此这般通过融化玄武岩聚集花岗岩质的石块过程反复进行，于是形成了大陆地壳。水是花岗岩形成的必要条件，同样，海洋（或淹没在其中的地下水）的存在是大陆形成的先决条件。最初的大陆地壳出现在大约 40 亿年前，即冥古宙（Hadean Eon）的末期（表 4-1）。

表 4-1　在 46 亿年的地球历史中，大气、海洋、陆地表面和生物圈的一些关键事件

BP	地质年代	太阳光强度	大陆·海洋系	地表地质变化	气候	生物相的进化	大气组成变化	
46		0.72					CO_2	O_2
45		（现在比）	海洋形成					
	冥古宙							
40								
			大陆地壳形成（玄武岩+花岗岩）					
35						厌氧性细菌（产甲烷菌等）		甲烷生成
	太古宙	0.8	大陆（克拉通）形成开始		（全球冻结）Pongola		10^4	
30								
							10^3	
25				矿物形成开始		光合成（酸素生成）开始		
				红色地球条状铁矿层	（全球冻结）Huronian			大氧化事件 I
20	古元古代					真核生物出现		（大气成分大变化）臭氧层形成
			哥伦比亚（Nuna）超大陆				10^{-2} 巴斯德点	
15			硫化氢海	"无聊的"10 亿年			10^2	
	中元古代	0.9						
10			罗迪尼亚超大陆				10^1PAL	
	新元古代				（全球冻结）			
		0.94				多细胞生物出现		大氧化事件 II
5	古生代		盘古超大陆（冈瓦那）			（埃迪卡拉动物群）	1PAL	大氧化事件 III
	中生代			P/T 边界	大型爬虫类进化			
0	新生代	1		大陨石冲突（K/T 边界）	哺乳类的进化			
							CO_2	O_2

注：地质年代的阴影部分（46 亿年前至 5 亿年前）被称为前寒武纪，BP 的单位是亿年，PAL=1。

4.2.3　"黯淡太阳"悖论

对恒星太阳的进化的研究表明，46 亿年前，太阳的光度比现在要弱，太阳常数约为现在的 70%，是一颗"黯淡太阳"。即使在这样的条件下，当时的海洋也没有结冰，是液态水，这是由大气中的二氧化碳的温室效应（据说是目前浓度的 1 万倍）和来自热岩浆的热量所造成的。有研究指出，当时大气中也存在着浓度很高的甲烷（CH_4）和氨（NH_3），这些也是温室气体，实际上在这个时期，紫外线可以直接到达地表，水蒸气被紫外线分解，产生了被称为 OH 自由基的化学活性物质。OH 自由基可以很容易地将甲烷和氨氧化成 N_2 和 CO_2，所以，即使在当时微弱的阳光下，二氧化碳的温室效应也足以使（水的）海洋形成。另外，海洋的形成使大气中的二氧化碳以碳酸（HCO_3^-）的形式迅速溶入海洋，这反过来又使得此后的大气中的二氧化碳浓度逐渐减少（见第 4.3 节）。

从地球诞生到大约 40 亿年前，这 5 亿～6 亿年被称为"冥古宙"，这个时期的地球气候是怎样的？仍然是一个谜。然而，此时大气中已经有大量的二氧化碳，从而产生强烈温室效应，使地球表面形成了充满液态水的海洋，在这些水和海洋地壳中，形成了以花岗岩（比海洋地壳轻）为主的大陆地壳，大陆地壳通过板块运动，使后来地球表面的陆海分布和山脉分布的大变动，和与此相关的气候大变动成为可能，这一切，也使得"水行星"地球上的生命进化成为可能。

▶ 专栏 5　板块构造 ────────────────────────────

现在的地球表面被称为岩石圈（lithosphere）的坚硬岩石层所覆盖，而在岩石层下面有一个较软的、长时间持续流动的软流层（asthenosphere）。岩石圈分为相对较薄的海洋地壳（10～100km）和比较厚的大陆地壳（100～200km）。这些地壳又被划分为具有区域性分布的板块，由于受到其下面地幔对流主导的软流层运动的影响，这些板块以每年几厘米的速度向不同的方向流动。板块之间的相互运动引起板块边界附近的力学冲突，从而导致了地震和火山活动，时间尺度长达 1000 万年到 1 亿多年的板块运动，导致了大陆漂移和造山运动。地幔对流与地球的热力状态密切相关。地球热演化的基本趋势是，地球内部的高温逐渐冷却，但冷却的速度又被地幔中铀、钍和钾等放射性同位素衰变产生的热量所减缓。如果没有这种同位素衰变产生的热量，据推算地球会在其诞生后数千万年内冷却下来。地幔对流被认为是将放射性同位素衰变的热量输送到地表的一个过程。另外，相关研究指出，板块运动本身的形成和维持，也与地球表面存在着大量的水密切相关，水的作用包括海洋地壳和大陆地壳的形成、海洋地壳沉入大陆地壳时由水作为媒介产生新的岩石，还有水也减轻了沉入时的摩擦。

4.3 太古宙和元古宙（40亿～6亿年前）的气候进化

在这一节中，我们描述海洋和大陆出现在地表以后的大气和气候的变化。地球的产生期，包括被称为前寒武纪的冥古宙、太古宙、元古宙，占据了地球历史的大部分时间，对于理解当今的地球非常重要，然而，由于到目前为止，我们并没有发现每个时代的化石，所以，包括生命活动的地球进化，一直是一个谜。然而，最近的地球科学和古生物学方面的进展为这一时期所发生的地球环境的变化提供了许多新的见解，使得这一时期的地球形象变得清晰起来。

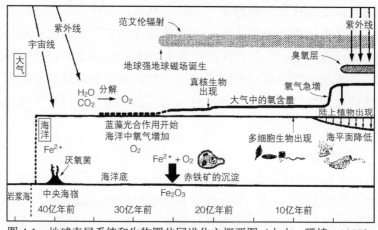

图 4-1　地球表层系统和生物圈共同进化之概要图（丸山·矶崎，1998）

表 4-1 和图 4-1 显示了过去 46 亿年来地球表面发生的一些关键事件。我们边参照图表边讨论（图表中从 46 亿年前到现在使用相同的时间尺度。这也可以看出前寒武纪时代有多漫长）。

4.3.1 大气成分的进化

首先，让我们看看自地球形成至今的大气成分的进化。现在的大气成分主要由氮气（N_2，约78%）、氧气（O_2，约21%）、氩气（Ar，0.9%），还有二氧化碳

（CO_2，0.04%）等微量气体组成。了解整个地球历史，我们可以发现大气成分的特征的变化，即 N_2 一直几乎没有变化，CO_2 呈长期下降趋势，自大约 25 亿年前起 O_2 迅速增加。此外，还有水蒸气（H_2O），它取决于温度等因素，目前在 0～3%的范围内变化。与地球气候进化密切相关的大气成分是 CO_2 和 O_2，图 4-2 表示了这两个成分从太古宙和原古宙到显生宙（包括现在）的碳同位素比率的变化，碳同位素比率是代表地壳活动和生物活动的指标。让我们从这些成分的变化，来看一下太古宙和原古宙时期的大气环境和气候的进化（变迁）。

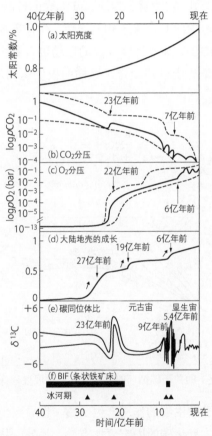

图 4-2　从 40 亿年前到现在的地球系统的变迁图（川上，2000）

4.3.2　碳循环的进化

首先，我们通过地质时间尺度上的碳循环机制来考虑大气中温室气体二氧化碳的浓度变化，这是因为二氧化碳浓度是决定地表温度的主要因素。二氧化碳是由大气圈、水圈和地圈（和生物圈）的碳循环状态决定的，地质时间尺度上的气候变化与这些尺度上的碳循环变化密切相关。

现在的大气中，二氧化碳只占大气成分的 0.04%，即 3×10^{-4} 个大气压，但在 40 亿年前，估计有 10 至 0.1 个大气压。在随后的地球历史中，如图 4-2 所示，随着时间的推移，二氧化碳出现了明显地减少。二氧化碳的减少是由于海洋的形成使二氧化碳溶入海水，以及大陆的形成使二氧化碳通过风化作用固定在地壳上。大气中的二氧化碳很容易溶于水并形成碳酸。碳酸虽然是一种弱酸，但在漫长的时间里，通过化学风化作用，它溶解了构成大陆地壳的硅酸盐矿物，并流入海洋。在海洋中，它通过与海水中的 Ca^{2+} 离子相互作用，生成碳酸钙（$CaCO_3$）在海底沉淀。沉淀在海底的 $CaCO_3$，通过海洋板块的运动进入到大陆地壳下面，这一过程，实现了二氧化碳在地壳上的净固定，这样的板块运动从大约 40 亿年前就开始了（图 4-3）。

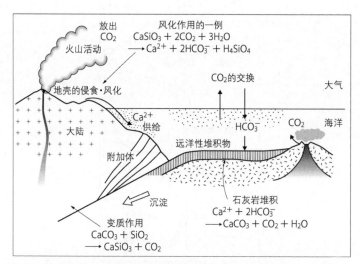

图 4-3　地质尺度上的关于碳循环的地球表层之发展过程（平，2001）

当生命开始时，由于微生物的作用产生土壤，也导致土壤流失，这种生物风化作用加强的形式，使二氧化碳的固定更加有效。另外，从地壳排放出的二氧化碳，通过大陆和海洋地壳的火山活动和火成活动排放到大气中。大气中的二氧化碳浓度由风化作用固定的二氧化碳和火山活动及火成活动释放的二氧化碳之间的平衡决定，整个地质时期的下降趋势表明，由风化作用固定于地壳的二氧化碳量总体大于释放于大气中的二氧化碳量。然而，风化作用高度依赖于地球的气候条件（温度、降水）。平均而言，风化作用在降水多且温暖潮湿的气候条件下比较强，而在寒冷干燥的气候条件下比较弱，因此，二氧化碳浓度增加（减少）和气候变暖（变冷）时，风化作用变得更强（更弱），即气候和风化作用之间存在"负反馈作用"（Walker et al.，1981）。

还有，4.3.3 节中将要讲述，生物通过光合作用把二氧化碳固定在生物圈和地圈中也是一个重要过程。光合作用活动在温暖的气候条件下更加活跃，因此可以认为这种"负反馈"在生物圈总体上得到了加强（第 5 章将进一步讨论生物圈在近期"全球变暖"方面的作用）。

如图 4-4 所示，在整个元古宙和显生宙，大气中的二氧化碳明显减少，主要是由于从 30 亿年以来，大陆地壳的扩大产生的风化作用使二氧化碳在地壳中的固定增加。此外，我们将在下一节讲述，与生物圈的演变有关的光合作用活动的普遍加强，导致二氧化碳进入地表和土壤中（固定到地表），这也产生了重大影响。

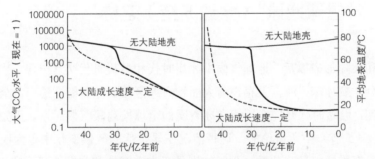

图 4-4　用大陆成长模型通过对地球史的模拟得到的二氧化碳水平和
平均地表温度的变迁（田近，2009）

细实线表示没有大陆地壳的情况，虚线表示大陆成长率恒定的情况，粗实线表示大陆增长率
从 30 亿年前左右开始快速增长的情况（接近现实）

4.3.3　"大氧化事件"和生物圈的进化

地球上何时出现了生命？有光合作用的生命活动是何时开始的？尽管对这些问题已经进行了很多研究，但仍有许多未解之谜。然而，大气中氧气的增加基本上是由能够产生氧气的光合作用生物的出现而产生的，尽管也有少量来自紫外线对水蒸气（H_2O）的分解。从这个角度看，图 4-2 中的 O_2 分压显示，在大约 23 亿年前的 1 亿～2 亿年中，O_2 分压几乎从零猛增到约 10^{-3} 大气压程度。这一时期被称为"大氧气事件（Ⅰ）"，大气中的 O_2 浓度达到了所谓的巴斯德点（Pasteur Point），约为当前大气水平（present atmospheric level，PAL）的 1%，正是在这一

时期，出现了今天的光合作用植物的快速活动，它们靠光合作用和氧气呼吸生存，使得大气中的氧气含量急剧增加。据说，蓝藻活动是造成这种情况的主要原因。

这种蓝藻活动在 27 亿年前就已经出现，在这一时期，随着大陆地壳的迅速扩大，适合蓝藻生长的沿海地区也随之扩大，蓝藻产生的氧气"污染"了大气和海洋。当时，海洋中溶解有大量的还原性物质的二价铁离子，蓝藻的光合作用产生的氧气与这些铁离子结合，形成不溶于水的氧化铁（Fe_2O_3），其形成后沉淀于海底。这一过程持续了数亿年，直到海洋被完全中和，在海床上形成了厚厚的条带状铁矿（banded iron formation，BIF）。这就是至今仍然存在的铁矿床。由蓝藻引发的大气的 "大氧气事件（Ⅰ）"被认为是从海洋被中和或氧化时（22 亿～23 亿年前）开始发生的（图 4-2）。"大氧气事件（Ⅰ）"为能够进行光合作用和氧气呼吸的"真核细胞"生物的出现创造了条件（表 4-1）。

4.4 "雪球地球"（全球冻结）之谜

海洋和大陆形成以后，地球气候中冰川时代和温暖时代交互出现，冰川时代是大陆上分布着冰床，海洋上存在着大面积海冰区域的冰雪圈，是一个全球性寒冷气候时期，温暖时代是完全不存在冰雪圈的全球性温暖气候时期。正如在接下来的章节（4.5 节）中所讨论的，这种情况在显生代的气候变化中更为明显，但在元古宙也有类似气候变化的证据。特别是元古宙初期和末期的两次冰川时代，持续了大约 1 亿年，被称为"雪球地球"（全球冻结的地球），在这个时期，从高纬度地区到赤道地区的整个地球都被冰雪覆盖。最近 20 年，"雪球地球"的形成机制和它在地球历史上的意义一直是人们议论的焦点。

4.4.1 古元古代前期的冰川时代（23 亿～22 亿年前）

首先，研究人员对南非的地层调查有力地证明了与前述"大氧气事件"几乎同时期的 22 亿年前冰川时期，当时的大陆冰床扩大到了赤道地区的地壳（Kirschvink et al.，2000）。全球冰冻的证据是基于在接近赤道的纬度存在着被冰床或海冰覆盖的冰川沉积地层，以及全球冰冻前后的碳循环和生物活动指标，这些都充分证明了全球冰冻过程的存在。

气候变冷需要降低大气中的温室气体二氧化碳的浓度，也就是说，在上述碳循环过程中，大陆地壳扩大导致了沿海区域的风化作用，从而固定了二氧化碳，其固定的二氧化碳量要超过火山活动释放的二氧化碳量。此外，蓝藻的光合作用使得氧气量迅速增加，在上述过程中形成条纹状的铁矿和锰矿床，同时也导致了海洋的氧化。这种情况进一步加强了二氧化碳溶解到海洋中成为碳酸盐沉淀到海底，更加降低了大气中的二氧化碳浓度，并进一步促进了气候的寒冷化。所以可以说，正是由于"大氧气事件（Ⅰ）"引发的蓝藻的大量繁殖，几乎在同一时期引发了冰川期的形成。

4.4.2　新元古代的冰川时代（7 亿～6 亿年前）

冰川时代的到来被认为始于大约 10 亿年前的罗迪尼亚超大陆开始分裂的时候，罗迪尼亚是地球史上第一个形成的巨大的大陆。这个超大陆位于低纬度地区，横跨赤道，大陆的大部分陆地远离海洋，因此在内陆地区盛行干旱气候。随着超大陆分解成不连续的陆地块，以前的干旱地区被潮湿的海洋性气候所取代，化学风化作用加强，导致大气中的二氧化碳浓度急剧下降，温度也随着温室效应的减弱而下降。在低纬度为中心的大陆，随着高原和山脉地区的积雪面积的扩大，低纬度的太阳反照率效应很大，冰雪覆盖面积可能在全球迅速扩大。

然而，在这样一个时期，生物活动（光合作用）又是怎么样的呢？

图 4-5 给出了冰川时代碳酸盐岩石（沉积物）的碳同位素比率（$\delta^{13}C$）的变化。当冰原扩大和生物活动减少时，这个同位素比率是负的，而当生物活动增加时，这个比率是正的。有趣的是，在元古宙前期的冰川时代，它在冰床扩大的后半段迅速地正增长，为"大氧气事件（Ⅱ）"提供了证据。也就是说，在冰床覆盖的寒冷时期，生物活动是不活跃的，但随着冰原的融化，由于温度的上升和海洋面积的扩大，生物活动就会爆发，从而导致大氧气事件。由于漫长的冰床扩大，之前的许多物种灭绝，紧接着"雪球地球"时期的"大氧气事件（Ⅱ）"可能是生物进化的一个重要时期，出现了新的多细胞生物。

在后来的冰川时代，有几个短时期的负值，与冰床扩大期相对应，但冰川时代作为一个整体，显示出比之前超过 10 亿年的长期值更高的正值。碳同位素比率的这种大幅度的变化可以被解释为冰床扩大→生物活动减弱→冰床收缩→生物活动加强，这种循环在较短的时间尺度上进行。无论如何，前期和后期的"雪球地球"时期都是在跨越赤道的低纬度地区的超级大陆分裂后的陆地上，这些陆

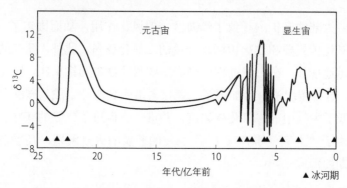

图 4-5　过去 25 亿年中碳同位素比率（$\delta^{13}C$）的变化（Kaufman，1997）

（▲）处对应的是碳同位素比率迅速下降的时期

地是散落在浅海的地表条件，当冰床融化时，以浅海和沿岸地区为中心的生物活动很容易活跃化。活跃的生物活动又增加了风化作用，再导致二氧化碳减少（和氧气增加）事件，最终引发下一个寒冷气候的这种循环过程。

4.4.3 "雪球地球"的动力学与生物圈的进化

正如第 3 章中所讨论的（见第 3.4 节），用 0 维和 1 维的辐射平衡气候模型模拟，我们得到地球表层的全球冻结可能是一种平衡状态。这个问题从 1998 年 Hoffman 等的一篇论文开始（Hoffman et al.，1998），成为现代地球科学和气候学中最重要的问题之一，真实的地球历史上是否可能出现这样的全球冰冻，以及它对地球生命史有着什么样的影响？然而，如何解决这个问题，留给我们的课题还很多。

首先，这个"全球"冰冻的状态真的发生过吗？而且，一旦整个地球被冰雪覆盖，如果全球的反照率不是很低的话，全球冰冻状态就可以相对稳定地持续下去，但地球是如何进入这种状态的？又是如何脱离了这种状态的？这是一个重大的地球气候学问题。另一个有趣且更重要的问题是，当 Hoffman 和 Kirschvink 等（Kirschvink et al.，2000）提出"雪球地球"这一概念时，他们是为了用这个概念作为一个假说来统一解释包括生命史的元古宙地球史上的重要事件。从这个意义上讲，"雪球地球"假说提出了与本书的另一个目的有关重要的问题：地球的气候和生命是如何相互影响并且在地球上发展（或进化）的？

关于作为地球气候学问题的"雪球地球"的形成和崩溃条件，以及其稳定性的研究，利用辐射平衡气候模型和全球气候模型（大气环流模型）已经有了广泛的讨论（比如，Crowley et al.，2001；Chandler and Sohl，2000；Hyde et al.，2000；Tajika，2003；Pierrehumbert，2004，2005；Pollard and Kasting，2005）。如图 4-2 所示，22 亿年前太阳的亮度（太阳常数）是现在的 83%，6 亿年前是现在的 94%，加上温室气体二氧化碳的减少程度，这些可以被认为是促成寒冷气候的直接外力。然而，应该把地球表面模拟成连赤道地区都完全覆盖了厚厚的冰层的"硬雪球"？还是冰床只覆盖了陆地，海洋上只有一层薄薄的海层的"软雪球"？情况不同所需要的外力的变化也会非常大。更重要的是，我们不知道当时陆地和海洋的分布情况，也不知道碳循环对生物圈所起的作用是什么？

关于这个问题我们首先介绍只考虑南北分布的一维辐射平衡模型对"雪球地球"的形成和消失的可能性研究。图 4-6 是考虑了太阳亮度（S）的差异和有多少温室气体（CO_2）的情况下，可以达到全球冰冻解的研究结果（Tajika，2003）。在目前的情况下（$S=1.0$），大气中的二氧化碳浓度约为 400ppm（$\approx 4\times10^{-4}$bar），存在部分的冰床，要使冰床南下从部分冻结的南部极限达到全球冻结的极限（LLP：the lower limit of a partially ice-covered branch）的话，CO_2 的浓度需要再下降大约十分之一。如果是 23 亿年前的冰川期（$S=0.83$）的话，二氧化碳的浓度需要是现在的 50～70 倍，才可以达到 LLP 水平；如果是大约 7 亿年前的冰川期（$S=0.94$），二氧化碳的浓度与现在几乎一样（PAL$\approx$1），就可以达到 LLP 水平[图 4-7(b)]。顺便说，元古宙前期的冰川期之前的二氧化碳浓度约为 100 至几百 PAL，后期也就是冰川期刚要开始时的二氧化碳浓度据估计约为 10 至几十 PAL，这些估算值都是远比 LLP 高的温暖期的数值高。

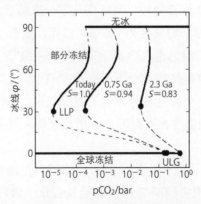

图 4-6　考虑了不同太阳亮度（S）的一维辐射平衡模型的元古宙冰川稳态解
LLP 是冰床从南部极限到全球冻结的临界纬度，ULG（upper limit of a globally
ice-covered branch）是可能出现全球冻结的二氧化碳浓度的上限（Tajika，2003）

　　为了达到全球冻结，必须增强包括了生命圈的风化作用从而使得 CO_2 大量地固定于地球圈，但在这个时候，CO_2 浓度是现在的 10 到几百倍，风化作用使得 CO_2 浓度大大降低，如果风化作用不强的话更加容易达到全球冻结，我们从计算中也看到了这样的结果（图 4-6，图 4-7）。陆地生物产生了土壤，加强了来自生物活动的风化作用，并加强了对大气中二氧化碳的削减。研究表明，如果没有这种生物的风化作用，地球的表面温度会非常高，远远超过当今地球上大多数生物可以生存的温度（Schwartzman and Volk，1989）。因此，生物活动的增加所固定的大量二氧化碳对二氧化碳浓度的下降产生了重大的影响。

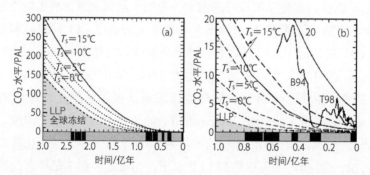

图 4-7　在整个地质时代太阳常数增加的条件下，全球平均地表温度为 15℃、10℃、5℃、0℃和到达全球冻结的下限气温（LLP）的大气 CO_2 浓度水平的计算（a）；10 亿年以后的扩大图（b）以及显生宙（从 6 亿年前开始）的实际二氧化碳估算值（Tajika，2003）

　　图 4-8 显示了图 4-6 中一维辐射平衡模型估计的从"雪球地球"形成到消失的气温的南北分布（Tajika，2007）。当气候从部分冻结状态的极限（LLP）跳跃到全球冻结状态时，全球平均温度为-40℃。然而，随着二氧化碳浓度等温室气体的增加，在全球冻结解除之前，气温上升到大约-20℃。然后，随着二氧化碳浓度的进一步增加，全球冻结状态一下子就被打破了，地球气候瞬间（以地质学的时间尺度）就变成了一个完全没有冰雪的温暖气候。那时的全球平均气温高达60℃，这意味着全球平均温度在短时间内赤道地区将上升 80℃以上，极地地区将上升 60℃以上。

　　Hyde 等（2000）通过结合冰床模型和二维辐射平衡模型，对"雪球地球"进行了更接近现实的数值实验研究。该实验是假设了大约 7 亿年前的新元古代全球冻结（参看表 4-1）的状态下进行的。太阳常数为目前的 94%，二氧化碳水

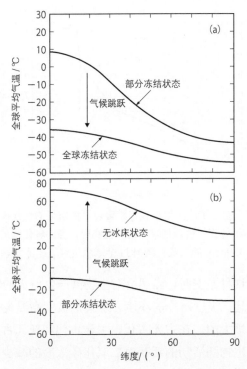

图 4-8　由一维辐射平衡模型模拟的（a）从部分冻结到完全冻结的跳跃，（b）从部分冻结到无冰床的跳跃过程中气温的南北分布（Tajika，2007）

平用在这个时期各种可变化的范围内变化，然后进行数据实验，如图 4-9 所示，当二氧化碳的红外辐射强度约为 $5W/m^2$（相当于大气中约 130ppm 的二氧化碳）时，全球就达到了冰冻状态。然后将得到的全球冰冻的地表状况作为边界条件加进海冰模型，并使用当时的大陆和海洋分布全球气候模型（GCM）进行数值模拟实验，（设定为从全球冻结脱离的过程）通过增加二氧化碳浓度，研究了"雪球地球"气候的稳定性，结果表明，在 CO_2 浓度大约是目前水平的两倍（2.8×10^{-4}）的情况下，会出现只在低纬度（南北纬 25° 以下）没有海冰的海洋。如表 4-1 所示，新元古代的这段全球冰冻期，被认为与生物圈进化中细胞生物的出现密切相关。但一个关键问题是，在被冰床覆盖的地球上，海洋是如何存在的，这个冰床-气候模型综合实验的结果为这个问题提出了一个可能的解释。

当二氧化碳的红外辐射强度约为 $5W/m^2$（相当于大气中约 130ppm 的二氧化碳）时，会跳跃到全球冰冻的状态。

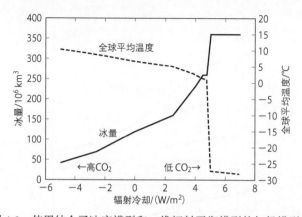

图 4-9 使用结合了冰床模型和二维辐射平衡模型的气候模型，
改变二氧化碳浓度（减少）模拟"雪球地球"的数值实验，当二氧化碳的红外辐射强度约为
5W/m²（相当于大气中约 130ppm 的二氧化碳）时，全球就达到了冰冻状态（Hyde et al., 2000）

当地球气候产生这种激变时，当然会对生物圈产生巨大的影响，无疑会将许多物种置于灭绝的境地。极度寒冷的环境之后又是极度高温炎热的恶劣条件，对生物来说压力肯定是极大的。在古元古代、中元古代和新元古代的"雪球地球"现象的发生过程中，生物圈活动的活跃对二氧化碳浓度的减少起了重要的作用；在"雪球地球"现象的结束过程中，同样的原因破坏了现有的生物圈，但同时也可能为新生物种群的诞生创造了机遇，这也可以说是促进元古宙生物进化的一个因素。另外，在"雪球地球"刚刚开始启动时我们看到，生物活动也可以对地球环境变化产生重大影响。在这样的时间尺度上，地球气候变化和生命的进化有着很强的"共同进化"的一面，密不可分。

4.4.4 "无聊的"10 亿年（20 亿～10 亿年前）

那么，在元古宙的两次"雪球地球"现象之间，地球上的气候是怎样的，生物圈中又发生了什么？第一次"雪球地球"，发生在 23 亿～22 亿年前，是由蓝藻大量繁殖生长和陆地面积的扩大引起的风化作用导致大气中二氧化碳浓度下降而引发的，但后来由于火山活动等其他因素导致二氧化碳增加，冰床消失，海平面再次上升，只有海洋表层单细胞生物如蓝藻的光合作用等生物活动继续进行。在海面下几米处是一个充满紫色硫磺细菌和硫化氢（H_2S）的海洋，在这里，由二氧化碳和硫化氢，而不是二氧化碳和 H_2O 进行光合作用，产生的是硫（S）而不是氧（O_2）。在这种情况下，能推测的条件是，温暖的海洋覆盖着地球表面，陆地面积非常小，陆地上的风化过程也非常弱。

地球气候系统是怎么确立的？我们再回顾一下第 3 章中的讨论。

地球表面的全球平均辐射平衡温度由三个因素决定：①作为外部能量的太阳入射能量（S）；②地表面的反照率（A），它决定了有多少太阳的能量被地球吸收；③地球大气之间的表观红外辐射率（ε），它决定了地球红外辐射能量的效率。加上南北热传输效率，它与大气、海洋和陆地表面的状态有关。

地球表层的陆地面积因海平面上升而减少，海洋中的冰床和海冰完全消失，在这种情况下，不会形成深层的水循环，逐渐增加的太阳辐射在海洋的低反照率下被有效地吸收，温暖的表层洋流会在全球范围内更有效地进行南北热传输，使得一个温暖的地球得以持续。据说大气中的氧气浓度必须至少为 10%，才能出现会呼吸的动物群，然而，海洋表层的蓝藻等通过光合作用产生的氧气，被其下层的硫磺细菌用于分解，大气中的氧气浓度并没有增加多少。

在地质学家和古生物学家看来，这段全球变暖的时期，可能是在全球范围内充满了臭硫磺味，直到板块运动在大约 10 亿年前创造了罗迪尼亚超大陆，持续了"无聊的"10 亿年（ウォード・カーシュヴィンク，2016），这段时期里的任何动物化石都没有发现。然而，这段时间里，微生物的世界里，原核生物让位于真核生物，具有呼吸功能的线粒体和光合作用所必需的叶绿素被纳入细胞中，并产生了多细胞的藻类等，在地球温暖的气候条件下，为即将到来的显生宙的生命大进化的准备工作正在稳步进行。

4.5　显生宙（5.5 亿年前至今）的气候变化

在最后一次"雪球地球"事件的末期，大约 6 亿年前，地球史上发生了一个重大的生物进化事件（埃迪卡拉动物群的出现）。世界各地的地层中发现了从这个时期起的各种动物和植物的化石，围绕着这些化石，科学家们可以详细地讨论生物进化和环境变化。动物群开始有坚硬的骨骼和外壳，如三叶虫等，作为化石保留下来的动物群急速增加，能够用我们的眼睛看到化石的生物群出现了，所以这个地质时期被称为显生宙（Phanerozoic Eon）。

如图 4-10 所示，按优势生物群的不同，又将显生宙分为古生代、中生代和新生代。在每个"代"的边界，都有一个先前的"代"的生物群大量灭绝的事件，在该灭绝事件发生过后，又出现了构成下一"代"的新生物群。从图中我们可以看到，生物群的进化是以一种不连续的方式进行，后面我们将叙述，之前的种群的大规模灭绝和随后出现的新种群都与气候、大气和水圈的环境变化有关，并且，从中生代到现在的新生代，生物群的多样性不断增加。

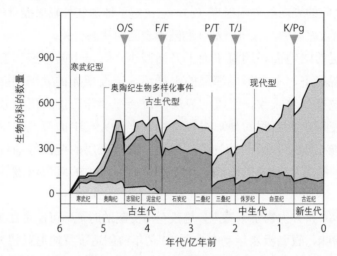

图 4-10   显生宙生物的多样性和大规模物种灭绝事件（田近，2011）

由于目前显生宙的信息如生物化石等被发现的比较多，我们可以重塑当时的气候和环境的状态，所以只有显生宙时代的气候系统形成的因素（如大气海洋系统、大陆分布、植被和包括温室气体在内的大气成分等）在一定程度上变得清晰，比起元古宙，我们可以更详细地讨论气候系统的变化和生物进化之间的关系。

4.5.1   寒武纪生物大爆发

古生代始于寒武纪期间陆生和其他生物群的爆发性出现。在这一时期，由于海洋表面和陆地上的光合作用的活跃，大气中的氧气浓度迅速增加，从百分之十几增加到近 20%，几乎与今天大气中的氧气浓度相同。氧气浓度的增加也促成了臭氧层的形成，这大大减少了到达地面的紫外线辐射量，从而飞跃式地促进了陆地上动物群的各种进化。

为什么会在这个时期发生生物群的爆发性进化？科学家们做了很多研究，但至今还没有明确的答案。如上一节所述，在"雪球地球"末期，二氧化碳浓度已经很高，气候也变得很温暖，这种气候条件可能促进了海岸区域附近浅海滩生物群的多样性进化。如图 4-11 所示，在显生宙初期，二氧化碳水平仍然很高，比现在高出 15 至 20 倍。并且，有研究指出此时存在的盘古超大陆，经历了地轴的大转移，实际上是向赤道一侧转移，这也可能加速了生物群的进化（Kirschevink et al.，1997）。

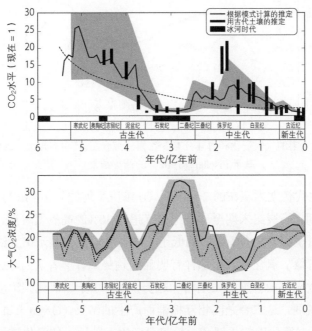

图 4-11　显生宙大气中 CO_2 水平（上）和 O_2 浓度（下），实线和点虚线表示风化过程等的模拟结果，而灰色区域是其不确定性的范围[转引自田近（2011）基于 Berner（2006）的计算结果]

4.5.2　冰室、温室气候循环和板块运动

通过将显生宙约 6 亿年期间的大气环境（二氧化碳和氧气的浓度）、地球气候的变化和生命圈的进化的关系与板块运动造成的海洋与大陆的排列及分布的变化联系起来考虑，可以综合地去理解它们之间的关系。

图 4-12 显示了显生宙气候的冷暖变化（根据化石中的氧同位素推断的以热带海洋地区为中心的气温变化）、海平面变化（被淹没的大陆面积的百分比）和火山活动的大致变化。将此图与大气中二氧化碳和氧气浓度的变化相结合（图4-11），我们能发现一些有趣的联系。

大气中的二氧化碳浓度在整个显生宙都在大幅下降，古生代大约为现在的 20

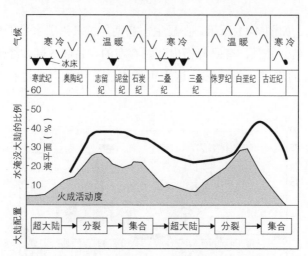

图 4-12　显生宙的气候变化和海陆分布变化模式综合图[转引自川上（2000）的
基于 Fischer（1982）的计算结果]

倍，减少到新生代初期为现在的 2～3 倍。O_2 浓度平均约为 20%，与目前差不多，但在古生代末期（石炭纪末期至二叠纪）有超过 30%的高氧气时期，在中生代中期（侏罗纪至白垩纪）又大幅下降到低于 15%。气温变化显示出大约 3 亿年的周期性，但并没有像二氧化碳浓度那样有明显的趋势。有学者认为，这是因为由太阳进化引起的太阳辐射强度的长期增加趋势，和与由于二氧化碳浓度下降而导致的温室效应的减弱，这二者之间相互抵消而产生的结果（Owen et al.，1979）。如第 4.3 节所述，二氧化碳的长期减少趋势可归因于陆地上的风化过程导致二氧化碳在地壳中的埋没，以及如图 4-10 所示的生物活动（光合作用）的活跃导致二氧化碳在土壤（从而在地壳中）的掩埋量的增加。

　　除了长期趋势外，在整个显生宙，气候和大气成分一直在变化，周期约为 3 亿年（图 4-11）。这个大约 3 亿年的周期与地球的陆地海洋分布和火山活动的变化密切相关，而地球的陆地海洋分布和火山活动的变化是由固体地球系统中的地幔对流引起的板块移动（或者幔柱构造）造成的。即如图 4-12 下面部分所示的大陆分布，当各大陆聚集形成超大陆时，火山活动不活跃，向大气中排放的二氧化碳量较低，大气中的二氧化碳浓度下降，导致气候变冷。反之，当板块运动活跃、大陆块分散时，火山活动会变得活跃，二氧化碳排放量高，大气中的二氧化碳浓度增加，导致气候变暖，降水量增加，风化作用也会更加活跃。通过这种风化过程，大气中的二氧化碳以碳酸盐的形式被岩石吸收并储存于大陆地壳中。由于风化作用对碳循环的"负反馈作用"（见 4.3.2 节），导致了一个循环

（图 4-13），使大气中的二氧化碳浓度减少，气候再次变冷。气候系统变化的特点是存在着两种相对稳定的地球气候状态，即有大规模冰床存在的全球寒冷期和完全没有冰床或冰冻圈存在的温暖期，这两种状态都能够持续比较长的时间，交互存在于地球上。Fischer（1982）将这两种时期分别命名为冰室（icehouse）时期和温室（greenhouse）时期。在冰室时期，两极和高山等地区存在着冰川和冰原；而温室时期是全球气候温暖的时期，地球不存在冰川、冰原或被积雪覆盖（从这个意义上讲，我们现在正处于冰室时期）。

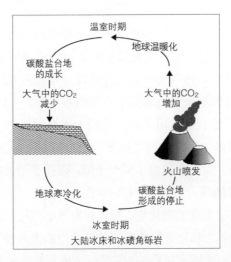

图 4-13　大陆漂移（板块运动）—火山活动—风化作用调节碳循环过程引起的
温室和冰室气候循环的示意图

全球气候的变暖和变冷被认为与板块运动带来的大陆块的聚集和分散密切相关（图 4-12）。伴随着板块运动的火山活动所产生的二氧化碳释放量的变化，和随着风化作用的强度而改变的二氧化碳在地壳中的埋没量，这两者之间的平衡决定了大气中的二氧化碳量的增减，使得大陆块和海洋分布发生变化，这个变化又导致了全球洋流系统发生变化，从而地球南北的热传输效率也发生变化，因此对全球气温产生影响的可能性很大（见第 2-2 节）。特别是，与南北热传输效率变化相关的两极温度变化，对于决定高纬度地区是否会形成冰川非常重要（见 2.3 节和 3.5 节）。

4.5.3　二叠系–三叠系（P/T）界线前后的生物大量灭绝和气候的激烈变化

在古生代末期（石炭纪至二叠纪），有一段时期二氧化碳浓度极低、氧气浓度极高，这说明这是一个寒冷的冰室时期。其主要原因是大西洋的闭合和各大陆块的合并，形成了盘古超大陆。特别是在石炭纪前半段氧气浓度明显很高的时期，这是因为巨大的树木大量地倒下（作为碳），就地迅速地掩埋入地下造成的，这些埋入地下的倒塌树木就是今天大量的石炭层。陆地植物根系的深度不断增加，导致了地球历史上时间规模最长的石炭纪冰川期（ウォード・カーシュヴィンク，2016）。在海洋中，大量的浮游生物（曾起到海洋森林的作用）被掩埋并沉积在海床上，创造了一个高度氧化的环境。也正是在这一时期，由于高浓度的氧气，出现了巨型昆虫。

在 2.5 亿年前的 P/T 界线（古生代/中生代的界线）期间，发生了（超过90%物种的）生物大灭绝。此时，盘古超大陆开始分裂为北半球的劳亚古大陆和南半球的冈瓦纳古大陆，如图 4-15 所示，大陆上的冰川逐渐融化。关于这个时期的大规模物种灭绝的原因有很多争论。地质学方面的事实是，当时有过一种超级氧耗竭的状态，即能使大多数光合作用生物死亡的大气海洋状态持续维持着。

一个能够解释说明以上事实的假说如下。在这一时期，大规模的火山活动随着盘古大陆的解体而蔓延，火山灰覆盖了整个地球，阻挡了阳光，从而停止了大多数光合作用生物的活动（磯崎，1995）。在海洋里，由于光合作用的浮游生物的死亡导致缺氧，海洋中产生了大量的硫化氢，海洋和大气中硫化氢浓度迅速增加，许多生物因此而死亡。另外，二氧化碳的浓度随着玄武岩的大规模喷发而迅速增加，比现在高出数倍。从二叠纪末期到三叠纪，气候迅速地从寒冷的冰室气候变为温暖的温室气候。虽然这里我们说这是个短期的事件，实际上也持续了 1000 多万年。

如图 4-10 所示，在显生宙，以 P/T 界线为起点，发生了几次生物群大灭绝事件。然而，除了由大型陨石撞击引发的 K/Pg（cretaceous-paleogene boundary）界线（白垩纪-古近纪界线）外，基本原因是板块移动导致的海陆分布变化引起的从冰室气候到温室气候的快速气候变化（在地质时间尺度上），或反之亦然。对于每个气候和物理化学环境，生物群适应并在其中进化，并且生物群（和生态系统）往往会创造出与气候相互作用的系统，使其环境更具有可持续性。但这样的系统本身对外部巨大的气候变化和急剧的地壳构造变化是脆弱的，有时可能导致大规模的物种灭绝。另外，大规模生物灭绝事件，对于生命圈来说也是一个好机会，利用新的气候环境和已灭绝的生物种群空出来的生态位，进化出新的生物种群。

4.5.4　白垩纪的超温暖气候

根据研究，白垩纪是一个典型的温室气候时期，全球气候温暖，两极没有冰雪。全球平均气温据估计比现在高约 10℃，整个海洋的平均水温高约 17℃（目前约为 2℃）。高纬度（60°）和赤道之间的海洋表层水温的温度差不到 10℃，比现在的温度差（约 30℃）小很多（Littler et al.，2011）。研究指出，现在的亚热带植物群也曾经分布在北极地区周围。

　　然而，大气和海洋的氧气浓度都很低，对于生命来说，这个环境非常严酷，生物通过各种方式对应这种低氧状态从而进行进化。这个时代，巨大恐龙的诞生就是在这种低氧浓度的环境下进化的结果。促成这种温室气候形成的最重要因素是大气层中高浓度的二氧化碳造成的温室效应，据估计，当时的二氧化碳浓度比现在高四到六倍。二氧化碳的浓度高会使得高纬度地区的变暖比赤道地区明显（目前的全球变暖也是同样的倾向）。低纬度和高纬度之间的水温（和气温）差非常小，这说明除非大气-海洋系统的南北热传输效率比今天高得多，否则无法解释（Barron et al.，1995）。

4.5.5　海陆分布和洋流系统的作用

　　二氧化碳等温室气体浓度的差异，加上板块移动造成的大陆和海洋分布的变化，这些是如何影响显生宙不同气候状态的形成的？比如说如何影响有冰川存在的石炭纪到二叠纪的冰室气候？对两极和赤道之间的温差很小的白垩纪温室气候又怎样影响？Van Andel 提出了一个可以解释这些现象的陆地-海洋分布和洋流系统的模型（图 4-14）。从二叠纪到白垩纪，海陆分布的实际变化见图 4-15。

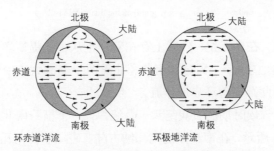

图 4-14　说明温室气候和冰室气候的海陆分布和
洋流系统模型（Van Andel，1985；日语版，アンデル，1987）

　　图 4-14 显示了陆地和海洋的分布，大陆分为南北两部分，赤道上在赤道周围围着地球环绕的环赤道洋流。环赤道洋流在绕地球数圈环绕时被强烈的阳光照射加热，对整个海洋，包括深层都有很大的升温作用，且南北温差很小。高水温的整个地球的海洋的水蒸气蒸发导致包括在大陆区域的大量降雨，使得全球盛行

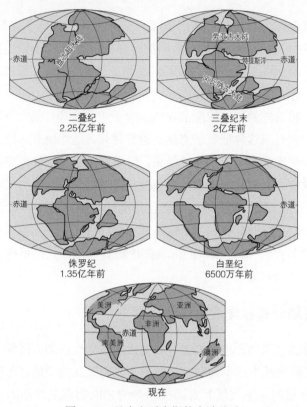

图 4-15　显生宙后半期的大陆移动

从左上方开始：2.25 亿年前（二叠纪），2 亿年前（三叠纪末），1.5 亿年前（侏罗纪末），6500 万年前（古近纪早期），以及现在[Kious，et al. This Dynamic Earth：The Story of Plate Tectonics.（Online ed.）. US Geological Survey（https：//pubs.usgs.gov/gip/dynamic/historical.html）]

温暖和潮湿的气候。在白垩纪，实际上存在着一个从古特提斯洋通过大西洋的水路状的地中海（古地中海），那时的南美和北美两个美洲大陆中间的巴拿马地峡也是一片海洋，因此存在着环赤道洋流。

　　另外，在冰室气候时期的石炭纪到二叠纪，有一个横跨南北两半球的盘古超级大陆，如图 4-15 所示，在南半球的冈瓦纳古陆（碰撞前的冈瓦纳古陆）的极地地区存在着巨大的冰川（图 4-16）。与图 4-14 的右图所示相似，中低纬度洋流系统在这个纬度带是封闭的，所以从低纬度到高纬度的热传输效率很低。当大陆横跨南北两半球将海洋分离时，就像现在太平洋的情况一样，沿着赤道的区域和大陆西海岸的冷涌升洋流得到加强，由赤道向中、高纬度地区的热量输送受到限制。这个模式图中显示了极地的与中纬度分开的环极地洋流，在这种情况下，特别是极地会很寒冷，因为极地得不到来自低纬度的热量输送。这正是现在南极大陆周边的模式，用现在的气候也能解释说明为何现在冰层只存在于南极洲。

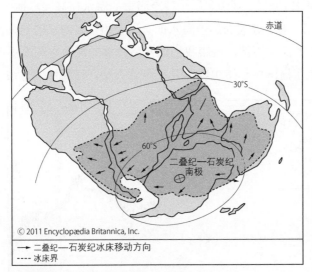

图 4-16　二叠纪至石炭纪时代冈瓦纳古陆上的冰层

（https：//media1.britannica.com/eb-media/72/472-004-BAC4CABC.jpg）

4.6　新生代古近纪和新近纪的气候——走向寒冷化的地球

4.6.1　古新世–始新世热量极大事件（PETM）

许多详细的研究（例如 Alvarez et al.，1980 等）表明，白垩纪（约 1 亿 4500 万年前至 6600 万年前）是一个典型的温室时期，也是巨型恐龙非常繁荣的时期，却被小行星撞击这一个罕见的重大事件突然打上了终止符。在被称为 K/Pg 界线的大灭绝事件之后，该地质时期被称为新生代第三纪，但现在第三纪这个名称已不再被正式使用[①]。在这里，让我们来看看整个新生代全球气温的变化。图 4-17（插图 3）显示了从 65Ma 到现在的全球平均气温（准确地说是海水温度）的变化，这是根据海水的氧同位素比（$\delta^{18}O$）的变化推算出来的。在大约 4000 万年前，地球有一个持续的温暖气候。特别在古新世–始新世热量极大事件（PETM）期间，是一个异常温暖的时期，持续了大约 20 万年（气温高峰期大约为 1 至数万年），

———————

① 现在新生代由老到新分为古近纪、新近纪和第四纪。

全球平均气温比现在高10℃以上，现在亚热带植被在北极地区茂密生长。我们今天所理解的深海水（热盐）环流，是一种冷而重的海水在高纬度地区下沉的环流，而在PETM时期，由于温暖的热带海水的蒸发量很大，海水的盐分浓度上升，密度增加，重而热的海水下沉，这跟我们通常所理解的深海水环流不同，使整个海洋变暖，这导致了海洋中浮游生物的几乎全部灭绝，深海中的生命也被灭绝。

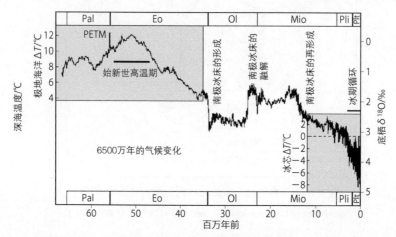

图4-17　新生代（6500万年前至现在）的全球平均气温变化（Zachos et al.，2008）
（http://www.newworldencyclopedia.org/entry/Paleogene）（参见插图3）
注：Pal：古新世，Eo：始新世，Ol：渐新世，Mio：中新世，Pli：上新世，Plt：更新世

　　一般认为，PETM事件是由除火山活动产生的二氧化碳和海底甲烷水合物的融化释放的大量的CH_4所造成的（Gehler et al.，2016），除此之外，还有北大西洋的海底火山活动释放了大量的二氧化碳等原因（Gutjahr et al.，2017）。据估计，由于PETM事件，有3000～12000Gt[①]的碳从海洋释放到大气中。其实，19世纪以来人类活动释放的碳量与此相当，所以这个PETM对当前的全球变暖问题有很大的参考价值（详见第5.3节）。包括PETM的古近纪的2000万年的温暖时期，环赤道洋流的海陆分布与白垩纪相似，至少在热带和中纬度地区的温室气候模式得以维持（图4-14下部）。

4.6.2　气候寒冷化

　　自始新世（Eocene）温暖期的高峰期（Eocene Optimum）（50Ma）以来，全球气候变得寒冷，这一趋势基本上一直持续到现在。植物群中被子植物在扩张，

[①]　1Gt=10亿t。

动物群中哺乳动物处于主导地位，这是目前这个时代地球上生物群的状态。

让我们来看看始新世（50Ma）和中新世（20Ma）的海陆分布情况，前者气候温暖，后者气候已经变冷，山脉开始上升（图 4-18，插图 4）。在古近纪（图 4-18 上部），条件与白垩纪相似，各大陆的赤道周围已经有了热带雨林。南美大陆与北美大陆之间被现在的巴拿马地峡周围的海洋隔开。非洲大陆也被特提斯海（古地中海）与欧亚大陆隔开，白垩纪以来环赤道洋流继续存在，热带和亚热带森林从赤道向亚热带广泛扩散。然而，到了新近纪（20Ma）（图 4-18，下部），特提斯海（古地中海）已经闭合，非洲和欧亚大陆相连，环赤道洋流消失，亚热带干旱和半干旱地区在两个大陆之间蔓延，东南亚和非洲热带地区的气候和生态系统的南北地理分布差异变得越来越明显。这是因为，进入中新世时期以后，喜马拉雅山脉的隆起变得更加明显，形成了东南亚的湿润季风气候和北非的干旱气候（见 2.3 节和 2.4 节）。

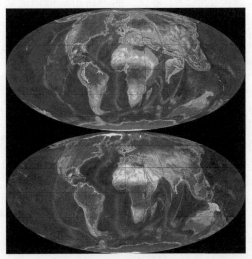

图 4-18　始新世（上）和中新世（下）的海陆分布和植被分布（参见插图 4）
（http://www.geologypage.com/2014/05/neogene-period.html，
http://www.geologypage.com/2014/04/paleogene-period.html）

40～30Ma 时期的气温变化与南极大陆的分离导致的南极地区的寒冷化以及南极冰层的形成有关。随着南极大陆从南美大陆和澳大利亚大陆分离出来，并向极地地区移动，如图 4-14 所示，产生了环极地洋流，大大地阻碍了从中纬度向极地的热量输送，南极开始形成南极冰层。南极冰层的形成，增加了对太阳辐射的反照率，这对整个地球的寒冷化起了很大的作用。

此后，从大约 15Ma（中新世中期）到第四纪至今，寒冷化正在急速进行中。有研究者认为，喜马拉雅山脉的隆起以及季风气候的加强是造成这种情况的主要原因。横跨热带和亚热带的喜马拉雅山脉的显著隆起，同时造成了山坡斜面上的雨水和河水的严重风化和侵蚀。特别是，这个山脉的隆起加强了季风，而大雨则加剧了山坡斜面的风化和侵蚀。硅酸盐是岩石的主要成分，在这个风化和侵蚀（chemical weathering）的过程中，硅酸盐从大气中吸收二氧化碳，形成碳酸钙和硅酸，然后水将其冲走，所以可以认为，通过这种风化和侵蚀作用，山脉隆起有助于降低地球大气中的二氧化碳浓度。如图 4-17 所示，从中新世后半段（约 15Ma开始）到第四纪的整个地球的寒冷化（图 4-19），基本上是由喜马拉雅山脉的活跃的风化和侵蚀活动造成的，它降低了大气中的二氧化碳浓度，削弱了温室效应（Molnar et al.，1993；Raymo and Ruddiman，1992）。

板块移动造成的海陆分布变化会使得大陆上的大气海洋环流系统发生变化从而导致南北热量传输效率也发生变化，加上与山脉地形形成有关的风化过程使大气中的二氧化碳浓度下降，以及由于冰雪覆盖面积和植被的变化引起全球规模的反照率的变化，以上所有这些变化都导致整个地球走向寒冷化。

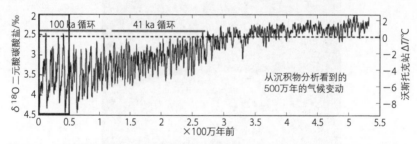

图 4-19　从新近纪到第四纪的地球平均气温的变化（Lisiecki and Raymo，2005）

就这样，整个新生代的寒冷化是由以下几个方面的作用而产生的：首先是具有白垩纪特征的环赤道洋流的衰退，加上环南极洋流的形成和南极冰层的形成，还有喜马拉雅山脉的隆起引发了季风环流和热带东西环流（沃克环流）的形成，从而降低了向极地输送热量的效率，以及通过风化过程降低了大气中的二氧化碳浓度等方面。如图 4-19 所示，第四纪冰川周期的出现是古近纪和新近纪的全球气候变冷的一个重要条件（见第 3.4 节）。我们人类的进化，正是在这样的第四纪的寒冷化中进行的（安成，2013；Yasunari，2019）。

第5章 人类活动和气候系统变化的关系

5.1 人类活动是如何影响全球气候的

5.1.1 快速增长的人类活动的影响

自上一个冰期（大约 1.8 万年前）以来，整个地球迅速变暖，到大约 1 万年前，气候已经接近甚至比今天更暖和。这时，人类开始了农业活动，大约在同一时期，世界上的一些地方有了人类最初的文明。水稻和小麦耕作的开始对于人类的定居生活和文明黎明的到来至关重要。所以，人类对地球表面环境的改变在这个时候已经开始了。然而，开始农耕和定居的人类，受到了气候变化和水文环境的影响，一些文明的衰落和灭亡，如古埃及文明和古印度河流域文明，被认为是由于气候变化和随之而来的水环境的变化而引起的。

目前，大气中二氧化碳（CO_2）等温室气体的增加是人类活动对全球气候变化的影响的一个主要问题，实际上，自文明开始以来，人类通过破坏森林并将其转化为农田和牧场，一直在改变地球表面状况。所谓文明化，从另一个角度看，就是将原始自然界转变为人类可居住的空间的过程。当我们从卫星和飞机上观察地球的陆地表面时可以看到，完全不受人类影响的地表已经很少了，今天的森林面积大约是人类开始农耕活动时的一半。即便是剩下的那部分森林里，也只有极少数完全没有被人类触及过。

如图 5-1 所示，这些对地表自然环境的改变被认为是随着人口的增加而变得越来越严重。从 1600～1800 年左右开始，人口增长率一直在增加，但在 18 世纪和 19 世纪的工业革命之前，欧洲和亚洲都普遍存在着将森林转化为农业用地的情况。图 5-2 显示了从 1700 年到大约现在（1992 年）的农业用地的扩张区域。1700～1850 年，亚洲的印度和中国的农业用地扩大与当时的欧洲帝国主义列强对该地区的殖民化密切相关。这种把森林改变为农业用地和城市用地的土地使用的变化，改变了地表对太阳辐射的反照率和植被的蒸发率，所以有一个可能性是至少引起地区性的或者说局地性的气候变化。关于这个可能性，用大气环流模式（GCM）进行了数值实验，以1700～1850年东南亚的地表变化为边界条件，数值模拟结果表明1700～1850年印度的夏季季风减弱了（Takata et al.，2009）。这是因为，原本的绿色森林的反照率比农业用地小，这使它们能够更有效地吸收太阳能，从而使得蒸发潜热增加，水蒸气的增加造成了降水的增加。这种由于森林砍伐造成的区域和局地气候的变化，近年在亚马孙地区也已经发生。

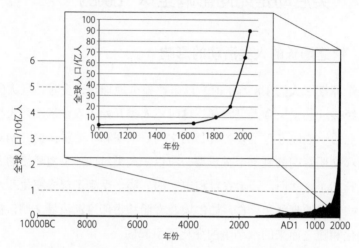

图 5-1　冰后期 1 万年和 1000 年以来全球人口变化的推算

（http：//www.worldometers.info/population/）

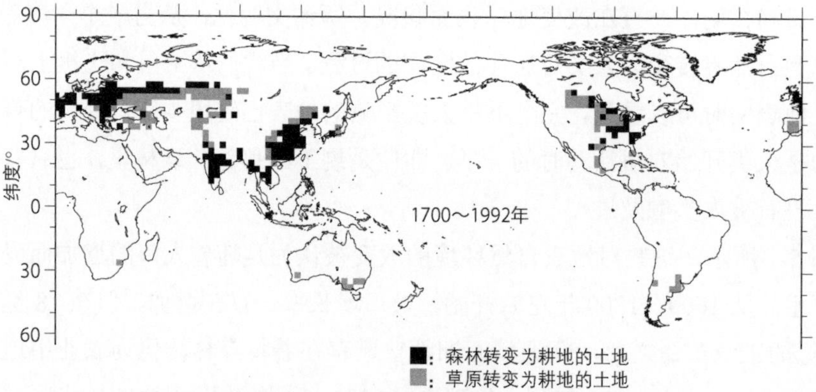

图 5-2　1700～1992 年的地表状况的改变

根据（Ramankutty and Foley，1999）制作

自 18 世纪工业革命开始以来，煤炭和石油等化石燃料引发了一场能源革命，

导致大气中 CO_2 和 CH_4 等温室气体迅速增加。从图 5-3 的时间变化中可以清楚地看到，这种变化是多么的快速，如二氧化碳从 1850 年的约 280ppm 增加到目前（2017 年）的 400ppm。这个数值已经远远超出了第 3.4 节所描述的与冰川周期（180～280ppm）相关的二氧化碳浓度变化周期（图 5-4），至少从过去几十万年的气候周期来看，我们必须将它视为一个异常大的变化。如果这种二氧化碳的增加只是几十万年冰川周期中的一个小插曲，那么对气候系统的影响可能很小，但如果这种增加不停止，并持续 100 年或 200 年，那么影响可能是很大的。当然，另外，对于这种产生温室气体的化石燃料能持续多久，也是有争论的。

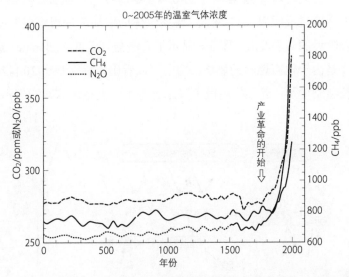

图 5-3　过去 2000 年中三种长期有效的温室气体的大气浓度变化（IPCC，2007）

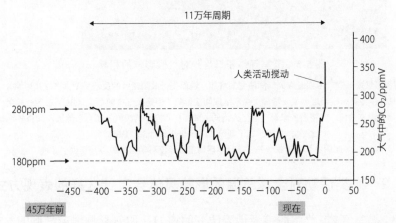

图 5-4　南极冰芯所显示的过去 45 万年的二氧化碳浓度变化，包括了冰川周期
横轴以 1000 年为单位（IPCC，2013）

　　自工业革命以来，人类活动改变大气的另一个因素是气溶胶（大气中的微粒）的增加。原本大气中有天然的气溶胶，如沙漠中卷起的沙尘，但近年来，由于煤炭和石油的燃烧，以及森林和田野中的火灾（生物质燃烧），导致大气中气溶胶的大量增加。如图 5-5 所示，这些气溶胶直接覆盖天空，增加了大气的浑浊度，阻挡了太阳的直射光线，同时它们也作为云的凝结核，增加了云的覆盖，进一步间接地阻挡了太阳的光线。也就是说，气溶胶作为一个整体，起到了冷却地球大气层的作用，与温室气体的效果相反[尽管有些气溶胶，如烟尘（黑炭），直接吸收阳光，使大气层变暖]。根据辐射平衡方程[式（1-3）]，地表由森林变为农田，气溶胶的增加会使得反照率（A）变大，温室气体的增加会使得辐射率（ε）变大，这将影响地表附近的气温变化。图 5-6 显示了硫酸盐气溶胶（sulphate）量的变化，它的增加主要是由于化石燃料的燃烧，图中可以看出，特别是在 20 世纪头十年，硫酸盐气溶胶急剧增加。近年的轻微下降趋势是由于发达国家对空气污染的控制产生了效果。

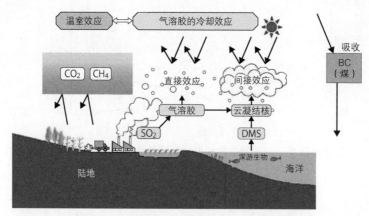

图 5-5　温室气体和气溶胶对气候影响的相异

气溶胶不仅通过空气污染造成大气浑浊度的增加，进而使得太阳辐射的反照率增大（直接影响），而且还作为凝结核通过形成云增反照率造成间接影响。但是大气中的烟尘（BC）会吸收辐射并增强温室效应。气溶胶的来源，除了人为的，如工厂和汽车的废气，还有自然的，如森林、沙漠和海洋的二甲基硫（Dimethylsulphide，DMS）

此图由长谷川就一先生（日本国埼玉县环境科学国际中心）提供

5.1.2　人类活动对全球气温的影响具体会有什么样的表现方式？

　　那么，温室气体、气溶胶或者地表改变的增加是如何影响地球气候的？首先，让我们看一下气候的基本要素：气温变化。图 3-25 显示了全新世期间北半球平均

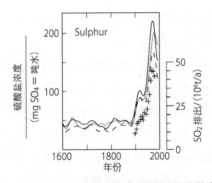

图 5-6　过去 400 年中大气中硫酸气溶胶的变化

图中的实线、点线和虚线分别表示格陵兰岛的三个冰芯的硫酸盐气溶胶浓度，+号表示欧洲和北美的 SO$_2$ 排放量（IPCC，2001）。从 1900 年左右开始，由于人类活动，气溶胶迅速增加，并在 20 世纪 70 年代达到顶峰（由于火山活动和黄沙，气溶胶也在增加）

气温的变化，这是最后一个冰期之后的大约 1 万年。特别是，图 3-26 显示，整个全新世没有明显的温度变化，但在 1600～1800 年有一个相对较低的小冰期（little ice age），随后从 19 世纪末开始，温度迅速上升。自 19 世纪末以来，全球气象观测网络逐步发展，有了更精确的温度变化信息，如图 5-7 所示。

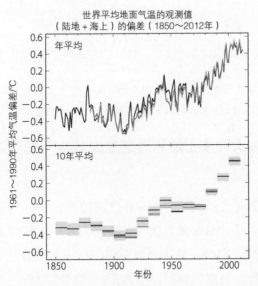

图 5-7　全球年平均地面气温的变化（1880～2016 年）（IPCC，2013）

（上）年平均，（下）10 年平均

为了与气温变化对比，我们来看一下大气中二氧化碳浓度的变化（图 5-8）。在这个图中，大气中二氧化碳浓度的变化与化石燃料的二氧化碳排放量相对应，提供了证据表明最近二氧化碳浓度的快速增加确实是由人类活动造成的。二氧化碳浓度的增加和气温的上升几乎是重合的，强烈表明气温的上升是由温室气体的增加造成的。但也可看出，虽然温室气体是单调增长趋势，气温变化却在 20 世纪 40～70 年代趋于持平，甚至呈下降（变得更冷）趋势。关于这一点的解释是，60～70 年代，工业化国家地区的气溶胶量（空气污染）增加，使得其冷却效果得到加强，但自 80 年代以来，气溶胶的总量被抑制，其冷却效果被削弱了（IPCC，2013）。关于这个问题，我们将在下文中定量地讨论这个问题。

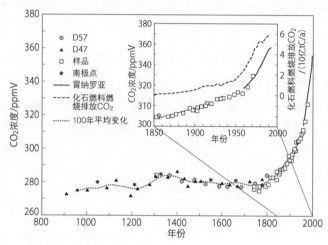

图 5-8　过去 1000 年大气中的二氧化碳浓度随时间的变化（Houghton et al.，1995）

自 19 世纪的工业革命以来，大气中的二氧化碳浓度在持续地迅速增加（见放大图）

5.1.3　能在多大程度上解释清楚过去 200 年的气温变动中人类活动的影响？

温室气体增加引起气温上升的效应和气溶胶增加引起气温下降的效应，具体地定量估算一下会是什么结果？图 5-9 显示了由每种影响（与没有影响的比较）而引起的辐射平衡变化量[称为辐射强制（力）]的估算结果（IPCC，2007）。对于地表气温的上升，温室气体的影响为正，气溶胶为负，由土地利用变化引起的反照率变化也是负，把这些都综合起来的影响为正，也就是说，结果是使地表变暖。

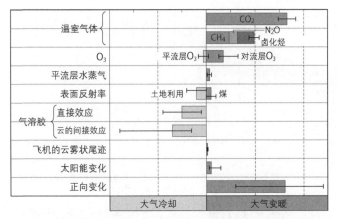

图 5-9　温室气体和气溶胶通关改变辐射能量平衡（辐射强制力）
使大气变暖（变冷）的比例（IPCC，2007）

所有因素变化的综合结果显示为净变化。

自 20 世纪以来，温室气体和气溶胶都显著增加，那么这些增加的结果，现实中的地球气温是如何变化的？图 5-10 是世界上 19 个主要的相关组织利用大气-海洋耦合气候模型评估的人类活动影响气候变化的结果。图 5-10（b）模拟了1900～2005 年仅由太阳活动和火山爆发等实际自然因素的变动所引起的全球平均气温的变动，结果与实际的温度变动不一致，但当模拟中加上了人类活动（温室气体+气溶胶）的影响条件时［图 5-10（a）］，其结果显示有明显的上升趋势（黑色实线），后者近似地再现了实际的气温变动。特别是自 1960 年以来的显著的变暖趋势，如果不考虑温室气体增加的影响，就无法解释。其中关于 20 世纪 60～70 年代前后气温的下降趋势，如前所述，是由于人类活动造成的气溶胶的增加，再加上 1963 年阿贡火山爆发的影响。

使用该模型进行的模拟实验结果表明，在过去的 100 年中，世界各地的气温和海洋表面储热量发生了变化（图 5-11），除南极洲外，几乎所有区域都存在着人类活动导致的变暖趋势，特别是，有迹象表明，由于人类活动，北美洲和欧亚大陆正在发生显著的变暖。另外，北极海冰的减少也很可能是由人类活动造成的。

5.1.4　与"全球变暖"相伴随的可能发生的水循环变化

至此，我们已经明白了全球气温正在上升，但气候变化的另一个因素是降水量的变化，或者更全面地说，大气中水循环的变化。地球是一个水行星，这个关

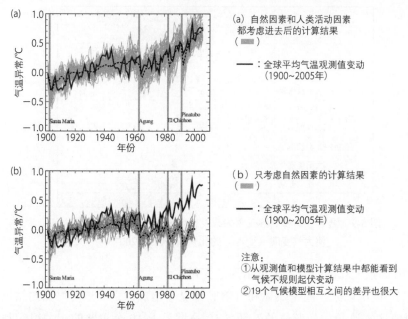

图 5-10　利用气候模型评估人类活动对全球气温的影响（IPCC，2007）

于水行星地球的水循环方面的气候变动特征的问题是非常令人感兴趣的课题，在此我们进行更详细的讨论。

首先涉及的一个基本物理过程是气温和水蒸气之间的关系。由于全球变暖气温上升，根据克劳修斯-克拉珀龙定律（Clausius-Clapeyron's law），饱和水蒸气压（大气中可容纳的水蒸气量）随着气温的升高呈指数增长，如图 5-12 所示。地球表面的 70% 被海洋所覆盖，温室气体增加导致全球变暖，自然海面也会被加热，海水温度上升，这反过来又会使海面上方的大气底层的气温升高，使得海面蒸发活跃，大气底层接近于饱和，水蒸气增加。值得注意的是，水蒸气也是一种强有力的温室气体，如图 5-13 所示，随着海面水温（SST）的上升，温室效应会因水蒸气的增加而增强，这是一种正反馈。比如，根据气候模型模拟实验表明，大气中单独的二氧化碳浓度翻倍只会导致 1.2℃ 的气温上升，而水蒸气含量的同时增加会导致 2.4℃ 的气温上升（横畠，2014）。

大气中能够容纳的水蒸气量随着气温的升高而呈指数型增长→由于温室气体的增加，地表附近的气温升高，往往也会使得水蒸气量增加。

有研究指出，自 1900 年以来，全球海洋上的水蒸气量呈增加趋势（图 5-14）（Santer et al.，2007）。另外，从气象学上已知，低层大气中水汽含量的增加会使得条件性不稳定（见第 2.1 节）增加（即对流活动更加活跃），这反过来又会促使

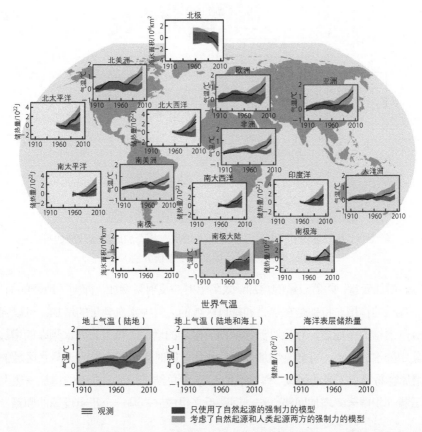

图 5-11　人类活动和自然变化在世界各个区域造成的气温和海洋表层储热量变化的
计算结果（10 年平均值）（深色实线表示实际观测值的变化）（IPCC，2013）

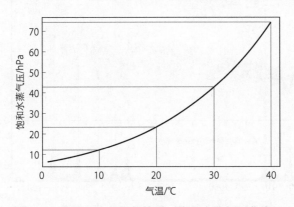

图 5-12　气温与水蒸气的关系（饱和水蒸气压曲线）

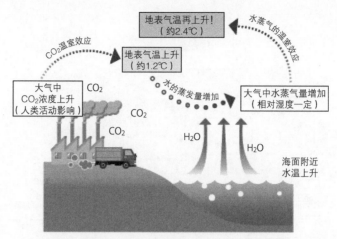

图 5-13 大气中水蒸气量随着二氧化碳的增加而增加，从而加速温室效应的可能性
（正反馈效果）（来源：国立環境学研究所）

云的形成，增加云量。随着云量的增加，太阳辐射的反射量增加，抑制了地表的加热，起到了负反馈的作用。特别是在热带和季风区域的大气中水汽含量的增加，可以强烈地促进大气层结的不稳定，导致对流性积雨云降水的增加。积雨云降水频率的增加，由于其集中降水的特点，可能会增加暴雨的频率，同时也可能会导致无降水区域的增加，即增加容易发生干旱的区域。作者在图 5-15 中总结了与地表温度的增加→蒸发量增加→云量（积雨云）增加回路，这一回路反之也成立，是一个正负反馈的回路。

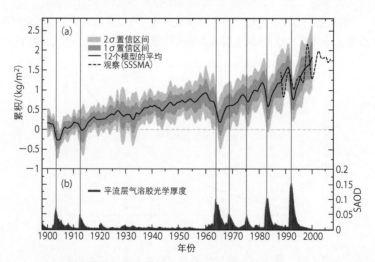

图 5-14 由 12 个气候模型模拟计算的 1900 年以来全球海洋（50°N～50°S）上空的大气水蒸气量，和其卫星观测结果（虚线）（a），以及平流层气溶胶含量（光学厚度）的计算结果（b）
（Santer et al.，2007）

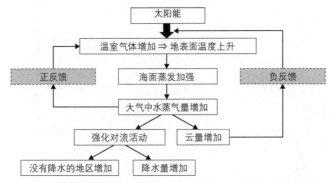

图 5-15　温室气体增加对全球降水过程的影响和其反馈效应的流程图

在实际的气候系统中，根据地区和季节不同，占主导地位的大气过程也可能会不同。如前所述，在目前的气候模型中，由于不同模型中的云和降水过程以及云辐射过程的子模型不同，大气中水气量增加后云的种类和降水发生变化（增加）的模拟计算结果可能会出现不同情况的偏差。

5.1.5　实际降水是如何变化的?

那么，从 20 世纪到现在，世界的实际降水量发生了什么样的变化呢？图 5-16 显示了 20 世纪最后 100 年间北半球陆地上各纬度带和全球的年平均降水量的变化，这些数据来自雨量计的观测结果，尽管雨量计不同观测数据也会不同。我们看到，在低纬度地区（30°S～30°N），20 世纪 50～70 年代降水量比较多，但从整个期间来看没有特别的增加（或减少）趋势。然而，在中高纬度地区，自 70～80 年代以来出现了长期增加的趋势，尽管很弱，特别是自 2000 年以来，所有纬度带的增加趋势都很明显。虽然这些降水变化的趋势中含有观测数据的准确性和观测站密度的问题，但与 1950 年以来的全球气温上升趋势完全不同的是，降水量变化的特征是仅在北半球的中高纬度地区有明显的增加趋势。

另外，近年来，同一地方的强降水过程所产生的降水量在年总降水量中所占的比例呈现出较大的增长趋势，各个地区都发现了这种增长趋势，特别是从 1980 年以来，如图 5-17 所示。在过去几十年到 100 年的数据中，包括日本在内的亚洲季风区也可以清楚地看到这种大雨和暴雨的频率和降水量的增加趋势。

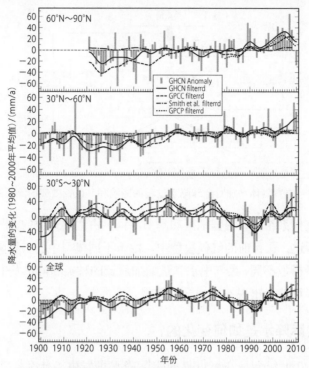

图 5-16　1901～2010 年各纬度带和全球陆地降水量的年际变化（柱状图）及其 10 年移动平均值

不同曲线代表不同的数据库来源（IPCC，2013）

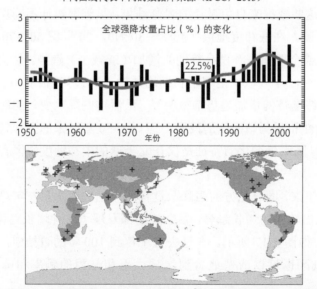

图 5-17　（上）全球大雨、暴雨等强降水量占年（或季节）总降水量的比例（%）的变化趋势（IPCC，2007），这里用与 1961～1990 年平均值（22.5%）的偏差来表示。（下）过去几十年（1950～2005年）强降水过程明显增加（+）或减少（-）的地区，阴影部分表示被分析的区域

例如，在日本，如图 5-18 所示，将日本气象厅（中央气象台）1898～2003 年观测的约 60 个站点的降水数据按强度分为 10 级别，再对不同级别的降水强度进行增加或者减少趋势的分析，结果表明，在所有地区，强度为 9 级和 10 级的降水显示出增加趋势，相反，强度为 1～4 级的降水有减少的趋势（Fujibe et al.，2005）。1970 年以来，日本 AMeDAS（自动气象数据收集系统）站点的自动降水观测显示，近年（特别是 1998 年以来），日降水量超过 400mm 的大雨的频率迅速增加，最近这种下大雨（强雨）的频率一直在增加。这一趋势表明，在热带、季风区域或者夏季的大陆上空，发达的积雨云系统的扰动和云系在不断增加，如图 5-15 左侧所示的强化过程：气温上升→大气中水蒸气量增加→对流活动增强在 2020 年为止更新的世界各地区的最新数据中，这种强降雨频率增加的趋势更加显著（IPCC，2021）。

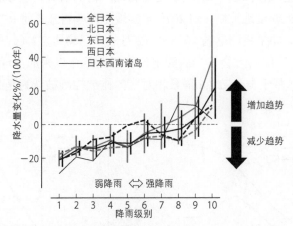

图 5-18　全日本和各地区各级别降水量的年际变化（年平均）（Fujibe et al.，2005）

全日本和西日本的 95%显著性区间用竖条表示，越是强降雨（10 级）越显示出
增加的趋势，越是弱降雨（1 级）越显示出减少的趋势

5.2　不久的将来（从现在至未来 100 年）的气候变化的预测

5.2.1　温室气体将如何变化——几种排放情景（RCP）

我们在上一节（第 5.1 节）中讲到，由于人类活动造成的温室气体和气溶胶的增加，特别是从 20 世纪末以来，地球气候出现了明的变暖趋势和降水的全面增加。那么，今后的全球气候会是怎样的呢？在这里，我们基于 IPCC 最近的

第五次评估报告（IPCC，2013）进行讨论。

以政策方面的缓和措施为前提，从未来我们将温室气体稳定在一个什么样的浓度的想法出发，提出了代表性浓度途径（representative concentration pathways，RCP）情景。在 IPCC 第五次评估报告中，根据人类活动的不同模式，制定了未来（2100～2300 年）人类活动温室气体排放的几种情景（RCP）。这些 RCP 情景由 IPCC 确定，用于 IPCC 第五次评估报告中的气候预测。基于这些 RCP 情景，世界各地的许多研究机构利用气候模型，计算出每种模型的辐射抑制量，对未来气候（温度、降水等）的预测结果进行了汇编。

温室气体增加量的多少，将完全取决于我们人类活动在未来的表现。图 5-19 表示在四种代表性 RCP 情景下温室气体排放量的变化（以 CO_2 表示）和由此产生的大气中的温室气体浓度。RCP2.6 是控制最严格的情景，从 2020 年开始对二氧化碳排放进行大幅度地控制，到 2070 年实现全球零排放，而 RCP8.5 是基本上没有控制的情景。如果我们遵循 2015 年 12 月的《巴黎协定》（《联合国气候变化框架公约》第 21 次缔约方会议）的约定，将工业革命以来的全球平均气温上升限制在 2℃ 以内，基于与 RCP2.6 情景相对应的排放控制被认为是必要的。

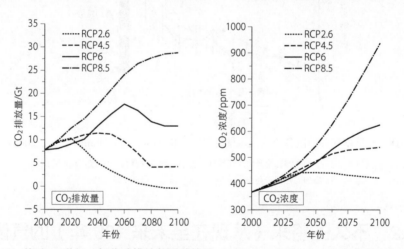

图 5-19　基于 21 世纪二氧化碳排放的四种情景（RCP2.6、RCP4.5、RCP6 和 RCP8.5）的总排放量（左）和二氧化碳浓度（右）（van Vuuren et al.，2011）

5.2.2　基于温室气体增加的全球气候变化的预测

图 5-20 表示了从 2005 年开始应用这些 RCP 情景，模拟到 2100 年为止的全球地面气温和北极海冰范围的变化。图中的数字表示参加模拟的气候模型的数量，实线是模拟或预测值（所有模型）的平均值，阴影区域是模拟（或预测）的偏差。

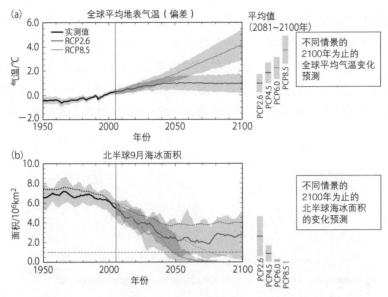

图 5-20　RCP2.6 情景和 RCP8.5 情景的到 2100 年为止的全球地表
气温和北极海冰变化（IPCC，2013）

根据不同的 RCPs 情景，给出了 2005 年至 2100 年（a）全球地表气温、（b）北极海冰范围的变化的预测；截至 2005
年观测（实际测量）数据；以 5 年移动平均值表示；阴影部分表示气候模型预测值的偏差范围

　　越接近 2100 年，各个气候模型之间的预测值的偏差就越大，但我们可以看到，
在 RCP8.5 情景和 RCP2.6 情景条件下，全球气温和海冰范围的预测值有着明显的
不同。RCP2.6 情景的 2100 年的气温上升限制在比 2005 年（1986～2005 年的平均
值）的平均值高出约 1℃，而 RCP8.5 情景则将这个值平均增加约 4℃。关于海冰
面积的预测，尽管各个模型之间有很大的不同，RCP2.6 情景条件下的海冰面积在
2050 年后减少至大约 $2×10^6km^2$（目前的观测值是约 $6×10^6km^2$），而 RCP8.5 情景则
预测大部分北极海冰将在 2050 年消失（图中的粗虚线是现在北极海冰面积）。

　　图 5-21（插图 5）显示了在 RCP2.6 和 RCP8.5 两种情景下 21 世纪末气温和降
水量变化的全球分布。图中显示的是 30 多个气候模型的所有计算值平均值，用点
彩标识的区域表示模型与模型之间的计算结果的差异较小，预测结果的置信水准较
高。关于气温的预测结果，在这两种情景下，都显示出在北半球陆地区域气温上升，
特别是在高纬度地区气温升高非常大，而海洋上的气温上升相对较小。在 RCP8.5
情景下，欧亚大陆高纬度地区和北极地区的气温上升了近 10℃，这说明北极海冰
和雪盖消失的正反馈效果有着很大的影响。关于降水量的变化，全球范围内大部分
地区有增加的趋势（蓝色），由于全球水蒸气量的增加，与之对应的降水量也呈增
加趋势。特别是在降水量丰富的热带辐合带和高纬度地区有着很强的增加趋势，而

从地中海到北非和中亚的干旱地区则呈显示出强烈的减少趋势（红色）。也就是说，预测显示原本湿润的地区其降水量将愈发增加，而干燥地区将愈发干旱。热带地区对流活动的增强被认为对应于大气不稳定性的增加，如图 5-15 所示。高纬度地区降水的增加则与由于气温大幅上升带来的大气水蒸气量的增加相呼应。另外，干旱地区的进一步干旱化是因为第 2 章中讨论的季风-沙漠气候耦合的加强。

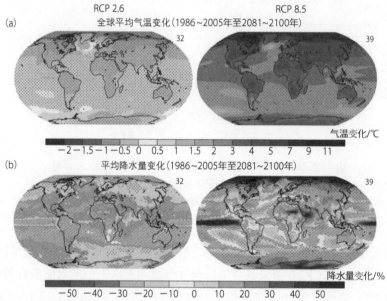

图 5-21　两种温室气体排放情景（RCP2.6 和 RCP8.5）下，21 世纪末全球气温和降水量变化的预测（IPCC，2013）（参见插图 5）

　　与温室气体排放增加相伴随的海洋的变化，并不仅仅是海冰面积的变化。全球海平面的升高会对人类社区和沿海生态系统产生重大的影响。图 5-22 显示了与 RCP2.6 和 RCP8.5 情景相关的全球平均海平面到 2100 年的变化的预测。尽管不同气候模型之间的预测值存在着±20cm 的差异，但在 2100 年，与 RCP8.5 情景相关的海平面上升约为 80cm，而 RCP2.6 的平均上升约为 40cm。然而，这只是全球所有海洋的平均值，不同海域的预测值之间有相当大的差异，特别是热带海洋的预测值整体上都比较大，有些海域超过 100cm。关于海平面上升的估计，其中大约 40%的上升是由于水温升高引起的海洋表层水的热膨胀，其次大约 25%来自山脉的冰川融化，还有大约 20%是因为格陵兰冰床的融化。

　　对海洋影响的另一个重要因素是，由于释放到大气中的二氧化碳增加，大约 30%的释放的二氧化碳会溶解到海洋中，溶入海洋中的 CO_2 量增加，会导致海洋

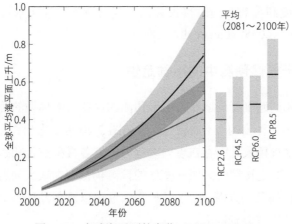

图 5-22　全球海平面的变化（IPCC，2013）

酸化，如图 5-23 所示。自工业革命以来，海洋酸化已经使整个海洋的平均 pH 下降了约 0.1，并且已经对一些珊瑚礁产生了严重影响。在 RCP8.5 情景下（图 5-23 的下方），预计 2100 年左右整个海洋的平均 pH 将比目前的 pH 低约 0.5。

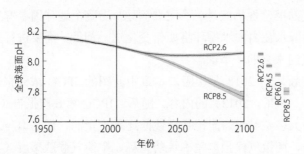

图 5-23　基于 RCPs 情景的全球海面 pH 的变化预测（IPCC，2013）

5.2.3　大气中气溶胶增加引起的气候变化的预测

事实上，在 IPCC 对温室气体排放增加导致的气候变化的预测中，很少考虑到气溶胶增加对气候变化的影响，部分原因是很难为人类活动制定未来气溶胶排放的情景方案。如图 5-6 所示，因为我们可以假设，未来技术的改进将大大减少工业活动和车辆造成的人为的气溶胶排放。

另外，例如，荒漠化可能会增加夹带到大气中的灰尘，导致大气中气溶胶的区域性增加。还有，大气中的气溶胶因为受到温度和降水的影响，很难对其进行定量的预测。然而，温室气体增加和土地表面改变等综合性的过程会引起气溶胶的变化，这可能对特定区域范围内的气候变化产生重大影响。例如，有研究表明，可能是因为部分国家大量排放气溶胶的直接和间接的影响，大大地改变了亚洲大陆夏季升温的程度和分布，同时也大大地改变了亚洲季风降水量的分布和强度（Ramanathan et al.，2005；Lau et al.，2006）。

5.2.4 关于气候预测中的不确定性

在这里，让我们感到疑问的是：用于预测的这些气候模型的可靠性如何？或者说这些模型有多大程度的"不确定性"？从图 5-20 可以看出，关于全球尺度平均气温的预测，尽管模式之间存在着一些差异，但各模型在长期趋势方面的表现相当一致。然而，对更详细的区域性变化的预测仍然存在很大问题。在与降水量有关的水循环指标的预测方面，由于云和降水过程以及蒸发过程中仍有许多未知因素，其不确定性比气温预测大。

特别是在对流云和降水占主导地位的热带和季风地区，辐射和潜热的能量交换过程主要是发生在气候模型的网格点以下的小尺度（1～100km）现象。因此，目前的模型使用基于有限的观测数据的"参数化"来近似地再现这些过程，这导致了系统性的模拟和预测的不精确性和不确定性。自然，关于这些地区的降水现象的模拟和预测的准确性仍然是一个主要问题。当整个地球因温室气体增加而变暖时，关于包括降水在内的水循环将如何变化这一问题，需要进行更多的定量性的评估，这是我们未来的一个课题。

本书（日文版）于 2018 年出版，本章中介绍的 IPCC 成果报告是基于第 5 次 IPCC 的报告（IPCC，2013）的内容。随后，IPCC 第 6 次报告（IPCC，2021）出版了，其中的大多数结果、无论是定性的还是定量的、都基本与之前的版本的内容相同。但是，衡量气候预测精确性的指标、平衡气候敏感度（其定义为当大气中的温室气体浓度增加一倍时，气候系统达到平衡时的地表温度增加量）的估计范围几乎减半，从第 5 次报告的 $1.5～4.5℃$ 减低到第 6 次报告的 $2.5～4℃$。这是因为参与 IPCC 气候预测的许多气候模型中的物理过程（如水汽含量、冰雪反照率、云量等）随着观测和理论的进步有了明显的改善，从而使这些模型对气候模拟和预测的精确度更加提高了。

5.3 如何理解人类世

5.3.1 什么是人类世

自 18 世纪开始的工业革命，到 19 世纪的显著发展以来，如第 5.1 节所述，人类活动对气候影响的"全球变暖"问题已经成为人类的一个重要课题。我们在第 5.2 节中介绍了 IPCC 第五次评估报告对 21 世纪末全球气候的预测。尽管重建过去气候变化的准确性和气候模型对未来气候预测的不确定性等问题仍然存在，但已经不能排除人类活动。特别是自工业革命以来，人类活动已经大大地改变了气候。人类活动除了对气候系统的影响外，对整个生物圈和物质循环系统也有非常明显的影响。

在图 5-24 中，我们可以看到 18 世纪以来人类活动和地球系统的各种指标变化的并列表示比较，特别是 20 世纪下半叶以来（1950 年前后），所有指标都显示出快速增长。图中也包括我们讨论过的大气中的二氧化碳浓度和北半球气温的变化。这种包括气候在内的地球系统的急剧变化，应该与冰川期结束以来变化相对较小的时期，也就是全新世（Holocene）区分开来，这是一个地球系统本身被人类改变的新时代，正在被定义为人类世（或者是新世，英文为 Anthropocene），与全新世不同（Crutzen，2002）。从图 3-26 也可以看出，最近的气候变化比过去 1000 年左右的变化更快，过去 1000 年的变化是冰川期结束后大约持续了一万年的相对稳定的全新世气候的一部分，从这个角度上来讲，我们更能充分理解图 5-25。

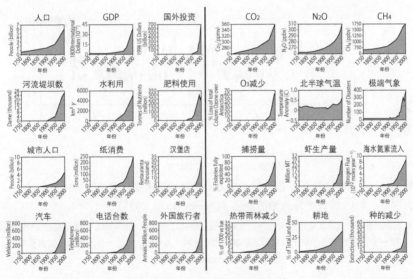

图 5-24　过去 250 年（1750～2000 年）的人类活动指标的变化（左）和地球环境指标的变化（右）（Steffen，2011）

5.3.2　人类活动引起的气候变化的大小

然而，在这里我们需要认识到，人类活动已经并将继续改变我们这个地球的气候系统，并且现在的这个改变，并非微不足道。如图 5-4 所示，目前的二氧化碳浓度远远高于间冰期的 280ppm 的水平，这个二氧化碳浓度至少在冰川周期的最后几十万年中是很高的，这样高的二氧化碳浓度如果进一步增加，或者持续下去的话，我们自然要考虑到在这个非线性的气候系统的变化中，可能会发生如第 3.4 节所述的"临界点"的戏剧性的变化。的确，在地球气候变化的历史长河中，也曾出现过气温的急速升高。例如，如图 5-25 所示，从上一个冰川期向现在的间冰期过渡过程中，在几千年到一万年左右的时间里，北半球的气温有大约 10℃（或更高）的大幅度升温现象。我们假设这种变化发生在大约 1000年的时间里，那么也就是说气温每 100 年上升约 1℃。然而，目前正在发生的全球变暖，也是每 100 年有大约 1℃，我们对未来的气温上升幅度进行预测，在最严格的 RCP2.6 情景下，每 100 年上升 1～2℃，而在 RCP8.5 情景下每 100年上升 4℃，即便是保守的估计，这个升温速度也与冰川期到间冰期的升温速度相似。

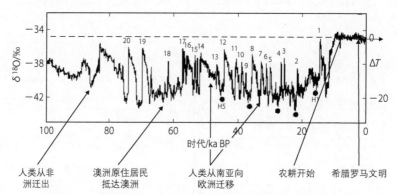

图 5-25 根据格陵兰岛冰芯计划（GRIP）的氧同位素变化重建的过去 10 万年
北半球气温的变化（Grootes et al.，1993）

图中的数字表示最后一次冰川期中被称为丹斯伽阿德–厄施格尔旋回的 1000～3000 年周期变动中的温暖期；
图中带 H 的数字表示被称为海因里希事件的寒冷期；另外还给出了一些人类活动的事件
（引用自 Oppenheimer，2004）

这些气候预测中，还没有考虑到那些可能进一步加速气温上升正的反馈过程。例如，在欧亚冰冻圈，几百米的永久冻土层和泰加林生态系统在几十万年的冰川循环中作为一个耦合的系统形成并维持着。然而，对于这个系统来说，近些年的急速的全球变暖，会改变其物质、水和能量都循环，这对该系统构成了重大威胁，有研究表明该系统可能在 100 年的时间范围内迅速崩溃（Zhang et al.，2010)。如果这个系统的崩溃，意味着大量吸收二氧化碳的泰加林的衰退（崩溃），那么可能会使大气中的二氧化碳浓度进一步增加，从而导致的气温升高的进一步地加速。

5.4　气候的中期未来（未来 10^3～10^5 年）的预想

5.4.1　冰期循环对人类活动的影响

在这里我们主要关心的一个问题是，人类活动在全新世的间冰期急剧扩大，促进了全球气候变暖。另外，如图 3-9 所示，作为自然变动的地球气候，在过去的 100 万年里，几乎有规律地重复着大约 10 万年周期的冰期循环。人类活动导致的温室气体的增加将如何影响这个冰期循环？

在过去的冰期循环中，我们知道间冰期大约持续 1 万～2 万年，最长也只有几万年，然后逐渐恢复到寒冷的冰川状态（见图 3-9）。因此，有研究指出，即使有人类活动导致全球变暖的影响，如果石油和煤炭等化石燃料被耗尽，这种影响将逐渐减弱，地球气候系统将会回到其自然循环，走向寒冷的冰川期（Ruddiman，2005）。然而，情况真的会这样吗？

在这里，我们介绍一个简化了的气候模型的模拟结果（Archer and Ganopolski，2005），该模型考虑了二氧化碳的反馈效应，并且纳入了一个冰床模拟模型。在这个模拟实验中，以天文预测的地球轨道要素变动（米兰科维奇周期）（见 3.4 节）为前提，在几种二氧化碳排放量的假设条件下，研究考察全球气候和冰床的成长状况。其结果如图 5-26 所示，只有当二氧化碳浓度维持在工业化前水平（280ppm以下）所对应的碳排放量低于 300Gt（以下）时，包括冰盖生长的下一个冰川期才会在 5 万年以后开始，但如果二氧化碳浓度高于 300ppm 所对应的累计碳排放量超过 1000Gt 时，（下一个）冰川期的开始时间大约不会在 5 万年内发生。图 5-27表示了 IPCC（2013）计算出的 1870 年以来源于人类活动的二氧化碳累积排放量，与基于未来 RCP 情景的综合排放量和气温上升之间的关系。从 1870 年到 2016年的总排放量约为 550Gt，如果在 RCP8.5 情景下持续排放，2100 年将超过2000Gt，即使在最严格的 RCP2.6 情景下也约为 800Gt。除了图 5-26 所示的计算结果外，其他一些气候模型的模拟也显示了大致类似的结果（Loutre and Berger，2000；Cochelin et al.，2006）。

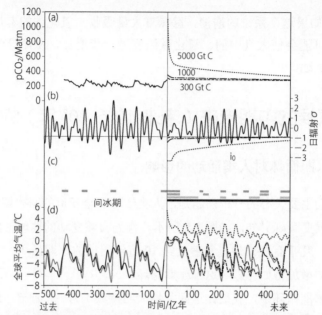

图 5-26　在考虑到米兰科维奇循环周期的条件下，对不同二氧化碳浓度对未来全球气候
（和冰床）变动的影响的评估（Archer and Ganopolski，2005）

（a）过去和未来的二氧化碳浓度，未来表示为与目前 300Gt、1000Gt 和 5000Gt 的排放量相对应的浓度变化；
（b）与过去和未来地球轨道要素变动相对应的太阳辐射变动（实线）和与二氧化碳排放量相对应冰床开始结冰的
太阳辐射量的下限（i_0）；（c）过去和未来的间冰期时间长度（从上到下，未来分布对应二氧化碳排放量为 0、300Gt、
1000Gt 和 5000Gt）；（d）过去和未来的全球平均气温

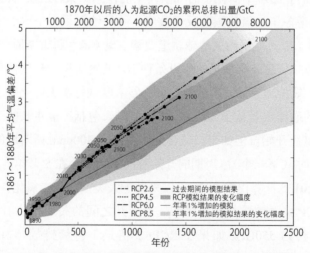

图 5-27　1870 年以来人类活动引起的二氧化碳累计总排放量（Gt）
与气温上升之间的关系（IPCC，2013）

阴影部分表示不同模型模拟结果变化偏差的范围；横轴为从 1870 年开始计算的年数；
图中的数字表示模拟结果的公元年份

在这些研究结果的基础上，IPCC 的第五次报告认为，从目前间冰期的状态开始，用二氧化碳排放量最低的 RCP2.6 情景模拟未来 1000 年的情况，加入了碳循环过程的气候模型显示，即使在公元 3000 年，二氧化碳的浓度也不会低于 300ppm，仅仅是通过地球轨道要素（米兰科维奇周期）的变化机制，下一个冰川期在未来 5 万年左右开始的可能性非常小（IPCC，2013）。

5.4.2　由于人类活动地球气候变迁到温室气候状态的可能性

我们对地球气候过渡到寒冷的冰川期的担心，不会在数万年的时间范围发生，那么在人类世中加速发展的全球变暖问题，将会在 2100 年和更远的未来发生什么呢？或者说，作为人类，我们应该如何应对我们所面临的挑战？在这里我们应该记得，自新生代开始以来，地球气候最温暖的时期是大约 5500 万年前的古新世至始新世（参见 4.6.1 小节）。特别是与被称为 PETM 事件的古新世和始新世交界时发生的事件的相似性。虽然不同的研究对 PETM 事件整个期间中释放到大气中的碳总量的估算有所不同，但估算值是可以大致确定的，为 3000～12000Gt（或更多）（Gutjahr et al.，2017；Meissner and Bralower，2017）。

我们把这个量与现在正在进行中的工业革命以来人类活动排放出的二氧化碳总量做个比较。PETM 事件的释放量的时间尺度为 20 万年，而正在进行中的人类活动的排放量的时间尺度仅为 150 年，从这个角度上考虑，目前的排放量与 PETM 事件期间相比是非常快速的。此外，我们比较一下每年的排放量速度的估算值，PETM 事件高峰年的年释放率约为 0.6Gt，而现在是 6Gt（Le Quere et al.，2016），比 PETM 事件时大了约 10 倍。

5.4.3　海洋深层水循环的变化是问题的关键

这里，我们再次回顾一下冰室和温室这两种气候的状态，前者是地球上有冰雪存在，后者是完全没有冰雪存在（见第 4.4 节）。新生代早期的温暖期是温室气候，被认为是由 PETM 事件引发的。是冰室还是温室气候状态之特征的不同之处是，除了冰雪的存在与否，还有一个决定性的条件是在极地区域是否存在着下沉的深层水环流（热盐环流）。温室气体的增加将使得高纬度地区的气温上升和降水增加（见图 5-21），因此，海洋表层的海水密度将因水温的上升和淡水的稀释而降低，目前大西洋深水环流的潜流区域（格陵兰岛以南至冰岛附近）的沉降量将会减少，这将会有很大的可能性削弱深水环流。

图 5-28 中表示的是数个大气-海洋耦合气候模型的模拟结果，条件是在 RCP8.5 情景下，2100 年以后继续排放二氧化碳时，2200～2300 年深海环流会变得非常弱。如果在这些模型中加上格陵兰和南极冰床融化导致的海洋淡水供应增加的影响，深层水环流会进一步减弱。此外，如果由于深海环流的减弱或崩溃，寒冷的深海水吸收二氧化碳的能力就会被削弱，大气中的二氧化碳浓度会进一步增加，我们应该考虑到这个正反馈过程，但在图 5-28 中所显示的模型模拟结果中并没有包含这个过程。

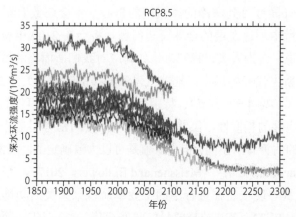

图 5-28　数个大气-海洋耦合 GCMs 模拟的基于 RCP8.5 情景的
深水环流的强度变化（IPCC，2013）

还应该注意到，如果深水环流崩溃，温暖的表层海水和其下面的深层海水之间的对流就会减弱，深层海水会变得缺氧，这很可能对海洋生态系统造成严重影响。在中生代和古生代交界时发生的 P/T 边界的生物大灭绝事件（见图 4-10），其原因是原本石炭纪的冰室气候状态由于火山活动被激活，导致了二氧化碳的迅速增加，气候状态向温室气候变迁的过程中发生了生物大灭绝。我们已经在第 4.5 节中讨论过，自显生宙以后，全球气候从冰室向温室状态变迁的原因，基本是由板块运动引起的大陆漂移（与之相伴随的大陆和海洋分布的变化）导致的火山活动，火山爆发往大气中释放大量二氧化碳，从而引发了从冰室向温室气候状态的变迁。即使在新生代的 PETM 事件时，也是由于 CO_2、CH_4 等大量的温室气体的释放，启动和加强了温室气候状态。

自 19 世纪末以来，人类活动造成的二氧化碳排放的增加量，这个量要比过去地球气候历史中引起的重大气候变迁的温室气体的大量释放量还要大得多，而且排放速度也快，正如上一节所讨论的，我们应该认识到，如果目前的这种排放量再持续 100 年或更长时间，很可能对全球气候产生类似 PETM 的事件或者比 PETM 更大的事件。当然，陆地和海洋的分布将与目前基本相同，关于冰雪分布，即便北极海冰和格陵兰岛的冰床消失，南极洲的冰雪分布基本保持不变的可能性仍比较大，不太可能发生像白垩纪或新生代早期那样的全球超温暖气候。然而，深水环流的减弱或停止，不仅会影响到海洋生态系统和渔业产生，也可能对人口众多的北半球的陆地生态系统和农业产生严重后果（IPCC，2013）。

5.5　遥远的未来（100 万年后）的地球气候——水行星和生物圈的未来

5.5.1　太阳光度的长期变化

在更遥远的未来，地球的气候和包括人类的生物圈，在太阳系的漫长历史中，今后会发生什么？在本章的最后，我们想对这个问题进行探讨。毋庸置疑，地球气候的能量来源是太阳光。太阳作为主序星进化，最终成为红巨星、白矮星，其寿命约为 100 亿年。由于作为主序星的太阳在进化过程中逐渐膨胀，虽然太阳表面的温度几乎保持不变，但随着从太阳表面到地球表面的距离的逐渐减小，如图 5-29 所示，地球表面的太阳光度在其诞生后的 50 亿～60 亿年里越来越强。从现在到未来，如图 5-29 所示，在过去的 30 亿年里，太阳光度已经增强了约 20%（与现在的比率），并且从现在到未来将继续以每 10 亿年约 10% 的速度增加。

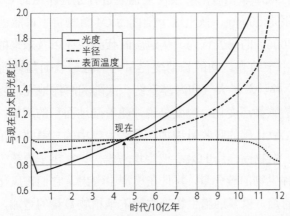

图 5-29　从过去到未来的太阳进化过程中，太阳半径、有效表面温度和地球上的太阳光度的长期趋势（Ribas，2010）

5.5.2 地球生物圈何时终结?

正如第 4 章已经讨论过的,从 20 亿年起直到新生代开始,由大气中二氧化碳浓度的降低导致的温室效应的减弱,抵消了太阳辐射增加的效果,地球表面的平均气温的长期趋势(trend)没有太大的变化(图 4-4 和图 4-11)。我们应该如何理解这个二氧化碳浓度的长期下降趋势?让我们介绍几个关于这个问题的几种不同的见解,以对地球生物圈和气候之间的关系有一个更深层次的考量。

例如,J.Lovelock 认为,整个地质年代期间太阳辐射都在增强,地球上的生物圈通过光合作用将二氧化碳固定在植被中,再埋在土壤中并被风化,这样就能把二氧化碳固定在地壳中,降低大气中的二氧化碳浓度,如图 5-30 所示,因而温室效应得到了抑制,全球升温也得到了控制(Lovelock and Watson,1982)。然而,这个结果引起了巨大的争议,由于阳光的增强,生物圈是否会作为自我调节的一环让光合作用变得活跃,从而"有意识地"减少了大气中的二氧化碳浓度?J.Lovelock 的看法是,上述减少二氧化碳的过程可以看作是地球生物圈的对外部环境变化(在这里是指太阳辐射增强)的一种"稳态"(homeostasis)功能,并声称地球生物圈是一个具有自主调节功能的"盖娅"(Gaia),从而引起了巨大的争议(这还将在下一节讨论)。然而,在更远的未来,由于二氧化碳水平过低,以至于生物圈的光合作用效率降低,那么气温将趋于轻微上升。他还指出,地球生物圈的这个稳态功能将在大约 10 亿年后结束,因为届时二氧化碳浓度将下降到大约 50ppm,在低二氧化碳浓度条件下也能进行光合作用的 C4 植物对二氧化碳浓度的要求界限是 50ppm,低于这个指标后 C4 植物将不再能进行光合作用。

Franck 等(2006)的研究认为,从地质时代到现在以及未来的二氧化碳浓度的变化基本上是由于地壳运动的长期变化引起的地球表面陆地面积的增加(见4.2 节和 4.3 节),并计算了大气和海洋系统、大陆和海洋地壳,以及生物圈之间的相互作用引起的碳循环变化。也就是说,随着陆地面积的增加,地表风化作用被强化,地壳对二氧化碳的吸收量增加,导致大气中的二氧化碳浓度下降。在他们的计算模型中,生物圈作用的大小被定量考虑,计算出了原核生物、真核生物和多细胞生物三种生物的碳含量,并且在模型中考虑了它们在风化过程的不同贡献。特别考虑到的是,以多细胞生物为主的陆地植物数量的增加,极大地加强了地壳对二氧化碳的吸收,但同时,多细胞生物在气温和其他生存条件方面比以细菌为主的原核生物和真核生物受到更多的限制。

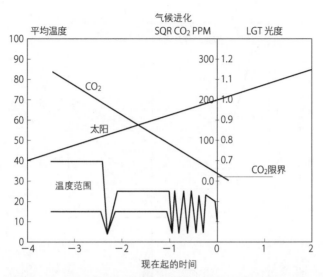

图 5-30　从过去 40 亿年到未来 20 亿年的太阳光度和二氧化碳浓度的长期趋势，
和全球气温变化的示意图（Lovelock and Watson，1982）

图 5-31 是 Franck 等的模型所推算出的从过去（35 亿年前）到未来（15 亿年后）的全球气温、陆地面积的变化，以及三类生物群（原核生物、真核生物和多细胞生物）的碳固定量的变化。该图显示了一些有趣的结果。首先，在 5 亿年前的显生宙开始之前，是由原核生物和真核生物来进行碳固定的，但自显生宙以来，由多细胞生物群构成的森林和草原等使得碳固定大大增加，所以包括目前在内，三类生物群的碳固定量几乎是一样的。总的碳固定量在显生宙早期达到顶峰，然后随着二氧化碳浓度的降低，由于光合作用的减少而继续下降，直到在 15 亿年左右所有的生物圈的活动终结。自多细胞生物出现的显生宙以来，陆地表面的气温迅速下降到目前的水平（约 10 ℃），随着碳固定量的减少和太阳辐射的增加，气温从大约 0.5G（5 亿年）开始上升，15 亿年后达到 60 ℃，届时所有的生物圈活动都将迎来了终结。根据这些结果，依赖维管束植物等多细胞生物的哺乳动物，如人类等，是不是可能最多只能生存到 5 亿年以后？

图 5-32 显示了该模型模拟的大气中二氧化碳浓度的变化。在这个模拟结果中，我们在第 4 章中讨论过的（显生宙初期等）二氧化碳浓度的急剧变化的时期被模拟得很好，至于未来，C4 植物等还能够最后进行光合作用的时期是大约 5 亿年前后，这终究会是我们人类等高等动物的生存圈的生存极限吧！届时，随着气温的上升，地球上的海洋将干涸，进而消失，这方面的研究计算出的也是在大约相同的时间（Ward and Brownlee，2003）。

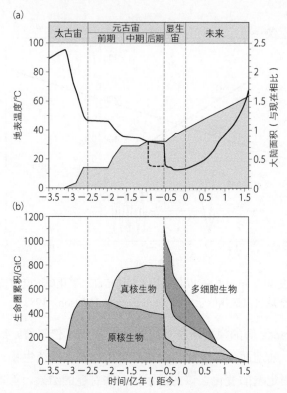

图 5-31 从过去（35 亿年前）到未来（15 亿年后）地球的气候（实线）和陆地面积的变化（a）和三类生物群（原核生物、真核生物和多细胞生物）的碳固定量的进化（b）（Franck et al.，2006）

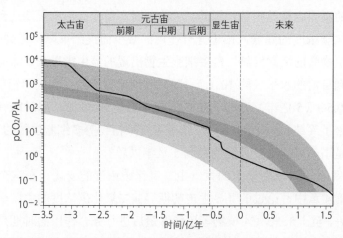

图 5-32 使用考虑了地壳和生物圈相互作用的模型模拟出的大气中二氧化碳浓度的变化
（Franck et al.，2006）

三种阴影部分分别代表不同的陆生生物群的可生存范围：（上）只有原核生物，（中）原核生物+真核生物，（下）原核生物+真核生物+多细胞生物

5.5.3　我们应该如何理解地球的气候和生命圈——盖娅假说和美狄亚假说

最后，我想重新思考一下应该如何理解地球的气候和生物圈之间的关系。众所周知，上面提到的盖娅（Gaia）假说是 J. Lovelock 提出的一个理论。J. Lovelock 最初的主张是，地球的生物圈不受（包括物理和化学环境）气候的支配，相反，它为生物圈的生存提供方便，气候本身会进行自我调节，就像一个活的有机体一样运作系统，所以他将该系统命名为"盖娅"（希腊神话中的女神）。也就是说，我们可以把地球的生物圈看作是一个系统，它以有利于维持生物圈的方式自我调节地球的气候，就像一个生命体中的稳态（homeostasis）机能一样。然而，J.Lovelock 随后的论点要广泛得多，其基础是以气候为代表的地球表面的环境和生物圈是一个相互密切作用的系统。通过后来的一些观测事实和对其过程的研究，生物圈和气候是一个相互作用的系统这一事实已被许多研究者广泛接受（例如，见第 2.7 节）。

然而，地球的生物圈也有着不可能是狭义（后者）意义上的"盖娅"的一面。正如第 4 章所详细讨论的那样，从元古宙到显生宙的气候和生物圈变化历史中，生物圈在很大程度上受到固体地球板块移动导致的大陆和海洋系统分布变化和相关的火山活动的影响，过去曾发生过几次"生物大灭绝事件"。另外，生物圈也确实引起了大气中 O_2 和 CO_2 浓度的巨大变化，使气候变暖（或变冷），这些结果又反馈到生物圈本身的进化中。这样的过程，从另一个角度看，生物圈受到气候和环境变化的影响，从而进化出新的生物群体，但如果这个生物群体变得过于强大，就会影响其周围的气候和环境，从而创造出对自己不利的气候和环境，也可以说，它包含着一个自我毁灭的过程。地球生物圈的这种自我毁灭的过程被 P.Ward 描述为"美狄亚（Medea）假说"（Ward，2009）（美狄亚也是希腊神话中一位公主的名字，她一个女巫，为了生存杀死了自己的弟弟和孩子）。Ward 认为，目前由人类造成的"全球变暖"问题，是人类作为一个生物物种，在其发展和扩张的过程中，创造出了对自己不利的地球环境，从这个意义上说，人类正在扮演这一个典型的美狄亚的角色。

无论如何，第 4 章中综述的过去 40 亿年地球气候和生物圈的演化历史表明，两者与板块移动等大陆和海洋系统的进化相互联动，有时也会通过种群的大规模灭绝过程，彼此之间密切相互作用，共同进化。在这个意义上，盖娅假说和美狄亚假说都可以被看作是强调共同进化这一方面的假说。另外，查尔斯-达尔文的进化论指出，物种是在适应气候和环境以及自然选择的基础上进化的，作为解释不同的物种与气候和环境之间或物种之间竞争过程的理论仍然有效，但我觉得它不能解释全球气候和生物圈的综合进化。

由于近年各种研究的日新月异的进展，与地球系统包括气候、生命圈、和固体地球相关的新数据、信息和知识呈现了爆发性的增长，使得我们对整个地球系统的认知也有了飞跃性的进步。另外，由于自工业革命以来人类活动的迅速扩张（见图 5-24），这一行为正在为包括人类在内的生物圈创造出一个地球系统的危机状况，被称为"地球的界限"（planetary boundaries）（Rockström et al.，2009）。现在，科学超越了对地球的综合理解，提出了一个问题：对人类来说，地球是什么？或者我们需要一个科学上的范式转移（paradigm shift），问地球应该是什么？

参 考 文 献

全书中使用过的参考文献，网址等

浅井冨雄・新田　尚・松野太郎，2000：『基礎気象学』朝倉書店，202pp.

阿部　豊（阿部彩子解説），2015：『生命の星の条件を探る』文藝春秋，238pp.

植田宏昭，2012：『気候システム論——グローバルモンスーンから読み解く気候変動』筑波大学出版会，235pp.

小倉義光，1999：『一般気象学　第2版』東京大学出版会，320pp.

小倉義光，1978：『気象力学通論』東京大学出版会，260pp.

岸保勘三郎・田中正之・時岡達志，1982：『大気の大循環』（大気科学講座4）東京大学出版会，256pp.

東大地球惑星システム科学(編)，2004：進化する地球惑星システム，東京大学出版会，236pp.

新田　勣，1982：『熱帯の気象——熱帯気象学の黎明を迎えて』（プロムナード）東京堂出版，216pp.

廣田　勇，1981：『大気大循環と気候』（UPアースサイエンス7）東京大学出版会，124pp.

松田佳久，2000：『惑星気象学』東京大学出版会，240pp.

松田佳久，2014：『気象学入門——基礎理論から惑星気象まで』東京大学出版会，248pp.

Clift, P. D. and R. A Plumb, 2008: *Asian Monsoon -Causes, History and Effects*, Cambridge Univ. Press.

Hartmann D., 1994: *Globl Physical Climatology*, Academic Press.

Webster, P. J., 2004: The elementary Hadley Circulation. 9-60, In *"The Hadley Circulation: Present*, Past and Future" ed. by （Diaz, H. F. and Bradley, R. S.) Kluwer Academic Publishers.

Wunsch, C., 2002: What is the thermohaline circulation? *Science*, **298**, 1179-1180.

大気大循環：http://www.fnorio.com/0041circulation_of_atmosphere1/circulation_of_atmosphere1.htm.

第1章

小倉義光，1999：『一般気象学　第2版』東京大学出版会，320pp.

日本気象学会編，1980：『教養の気象学』朝倉書店，144pp.

フォン・ベルタランティ，L.（長野敬・太田邦昌訳），1973：『一般システム理論——その基礎・発展・応用』みすず書房，312pp.

松田佳久，2000：『惑星気象学』東京大学出版会，248pp.

ワインバーグ，ジェラルド・M（松田武彦監訳・増田伸爾訳），1979：『一般システム思考入門』紀伊国屋書店，342pp.

Gezelman, S. D., 1980: *The Science and Wonders of the Atmosphere*, John Wiley and Sons.

U.S. Committee for the Global Atmospheric Research Program, 1975: *Understanding Climatic Change: A Program for Action*. Washington DC USA: National Academy of Sciences.

IPCC (2013): *Climate Change 2013: The Physical Science Basis*. Contribution of Working Group I to the Fifth Assessment Report of the Intergovernmental Panel on Climate Change [Stocker, T. F., D. Qin, G.-K. Plattner, M. Tignor, S. K. Allen, J. Boschung, A. Nauels, Y. Xia, V. Bex and P. M. Midgley (eds.)]. Cambridge University Press, Cambridge, United Kingdom and New York, NY, USA, 1535 pp.

第 2 章

浅井冨雄・新田尚・松野太郎, 2000:『基礎気象学』朝倉書店, 202pp.

江尻　省, 2005:「トレーサーで見る中層大気中の物質輸送」国立環境研究所ニュース, 24 巻 1 号.

小倉義光, 1978:『気象力学通論』東京大学出版会, 260pp.

小倉義光, 1999:『一般気象学　第 2 版』東京大学出版会, 320pp.

岸保勘三郎・田中正之・時岡達志, 1982:『大気の大循環』(大気科学講座 4) 東京大学出版会, 256pp.

中西　哲・大場達之・武田義明・岡部　保, 1983:『日本の植生図鑑 (1) 森林』保育社, 216pp.

新田　勍, 1982:『熱帯の気象——熱帯気象学の黎明を迎えて』(プロムナード) 東京堂出版, 216pp.

廣田　勇, 1981:『大気大循環と気候』(UP アースサイエンス 7) 東京大学出版会.

松田佳久, 2000『惑星気象学』東京大学出版会, 240pp.

松田佳久, 2014:『気象学入門——基礎理論から惑星気象まで』東京大学出版会, 248pp.

和辻哲郎, 1979:『風土——人間学的考察』岩波書店, 300pp (原著：1935 年).

理科年表オフィシャルサイト (国立天文台・丸善出版).

Abe M., A. Kitoh and T. Yasunari, 2003: An evolution of the Asian summer monsoon associated with mountain uplift -Simulation with the MRI atmosphere-ocean coupled GCM-. *Journal of the Meteorological Society of Japan*, **78**, 81, 5, 909-933.

Abe M., T. Yasunari and A. Kitoh, 2004: Effects of large-scale orography on the coupled atmosphere-ocean system in the tropical Indian and pacific oceans in boreal summer. *J. Meteorological Society of Japan*, **82**, 2, 745-759.

Abe M., T. Yasunari and A. Kitoh, 2005: Sensitivity of the central Asia climate to uplift of the Tibetan plateau in the coupled climate model (MRI-CGCM1). *The Island Arc*, **14**, 4, 378-388.

Bonan, G. B. 2008: Forests and climate change: forcing, feedbacks, and the climate benefits of forests. *Science*, **320**, 1444-1449.

Boos, W. R. and Z. Kuang, 2010: Dominant control of the South Asian monsoon by orographic insulation versus plateau heating. *Nature*, **463**, 218-222.

Broecker, W. S. 1991: THE GREAT OCEAN CONVEYOR. Oceanography, 4, 79-89.

Eagleman, J. R., 1980: *Meteorology: The Atmosphere in Action*, Van Nostrand Reinhold Co.

Fujinami, H., T. Yasunari and T. Watanabe, 2015: Trend and interannual variation in summer precipitation in eastern Siberia in recent decades. *International J. Climatology*, DOI: 10.1002/joc.4352.

Gezelman, S. D., 1980: *The Science and Wonders of the Atmosphere*, John Wiley and Sons.

Golytsyn, G. S., 1970: A similarity approach to the general circulation of planetary atmosphere. *Icarus*, 13, 1–24.

Hahn, D. G. and S. Manabe, 1975: The role of mountains in the south Asian monsoon circulation. *Journal of Atmospheric Sciences*, 32, 1515–1541.

Hartmann, D. L., 1994: *Global Physical Climatology*. Academic Press, 408pp.

IPCC, 1995: IPCC 第 2 次評価報告書（気象庁訳）.

Kitoh, A., 2002: Effects of large-scale mountains on surface climate -A coupled ocean-atmosphere general circulation model study. *J. Meteorological Society of Japan*, 80, 1165–1181.

Koteswaram, P., 1958: The easterly jet stream in the tropics. *Tellus*, 10, 43–57.

Kumagai, T., T. M. Saitoh, Y. Sato, H. Takahashi, O. J. Manfroi, T. Morooka, K. Kuraji, M. Suzuki, T. Yasunari, H. Komatsu, 2005: Annual water balance and seasonality of evapotranspiration in a Bornean tropical rainforest. *Agricultural and Forest Meteorology*, 128, 81–92.

Kumagai, T., H. Kanamori, T. Yasunari, 2013: Deforestation-induced reduction in rainfall. *Hydrological Processes*, 3811–3814.

Lorenz, E. N., 1967: The nature and theory of the general circulation of the atmosphere. *World Meteorological Organization*, 218, TP 115.

Manabe, S. and R. H. Strickler, 1964: Thermal equibrium of the atmosphere with a convective adjustment. *J. Atmospheric Sciences*, 21, 361–385.

Manabe, S. and T. B. Terpstra, 1974: The effects of mountains on the general circulation of the atmosphere as identified by numerical experiments. Journal of Atmospheric *Sciences*, 31, 3–42.

Meir P., P. M. Cox, J Grace, 2006: The influence of terrestrial ecosystems on climate. *Trends in Ecology and Evolution*, 21, 254–260.

Newton, C. W. ed., 1972: *Meteorological Monograph*, 13. American Meteorological Society.

Nobre, C. A., P. J. Sellers, J. Shukla, 1991: Amazonian deforestation and regional climate change. *Journal of Climate*, 4, 957–988.

Ogawa, Y., T. Motoba, S. C. Buchert, I. Häggström, and S. Nozawa, 2014: Upper atmosphere cooling over the past 33 years. *Geophysical Research Letters*, 41, 5629–5635.

Phillips, O. L. et al., 2009: Drought sensitivity of the Amazon rainforest. *Science*, 323, 1344–1347.

Plumb, R. A., 2002: Stratospheric transport. *J. Meteorological Society of Japan*, 80, 793–809.

Rodwell, M. J. and B. J. Hoskins, 1996: Monsoon and the dynamics of deserts. *Quaterly J. Royal Meteorological Society*, 122, 1385–1404.

Sato, H., H. Kobayashi, N. Delbart, 2010: Simulation study of the vegetation structure and function in eastern Siberian larch forests using the individual-based vegetation model SEIB-DGVM. *Forest Ecology and Management*, 259, 301–311.

Sato, H., H. Kobayashi, G. Iwahana, T. Ohta, 2016: Endurance of larch forest ecosystems in eastern Siberia under warming trends. *Ecology and Evolution*, **6**, 16, 5690–5704.

Saito, K., T. Yasunari, and K. Takata, 2006: Relative roles of large-scale orography and land surface processes in the global hydroclimate. Part II: *Impacts on hydro-climate over Eurasia*, **7**, 642–659.

Stommel, H., 1948: The westward intensification of wind-driven ocean currents. *Transactions of the American Geophysical Union*, **29**, 202–206.

Vonder Haar, T. H. and V. E. Suomi, 1969: Satellite observations of the earth's radia-tion budget. *Science*, **163**, 667–668.

Vonder Haar, T. H. and A. H. Oort, 1973: New estimate of annual poleward energy transport by northern hemisphere oceans. *J. Physical Oceanography*, **2**, 169–172.

Walter, H., 1973: *Vegetation of the earth in relation to climate and the eco-physiologi-cal conditions*. New York: Springer-Verlag, 237 pp.

Webster, P. J., 1987: *The elementary monsoon, in monsoons*, edited by J. S. Fein and P. L. Stephens, 3–32, John Wiley, New York, N. Y.

Wu, G. W., Y. Liu, X. Zhu, W. Li, R. Ren, A. Duan, and X. Liang, 2009: Multi-scale forcing and the formation of subtropical desert and monsoon. *Annals of Geo-physics*, **27**, 3631–3644.

Wunsch, C., 2002: What is the thermohaline circulation? Science, 298, 1179–1180.

Xie, S-P., H. Xu, N. H. Saji and Y. Wang, 2006: Role of narrow mountains in large-scale organization of asian monsoon convection. *Journal of Climate*, **19**, 3420–3429.

Yanai, M., 1961: A detailed analysis of typhoon formation. *J. Meteorological Society of Japan*, **39**, 188–214.

Yanai M. and T. Tomita, 1998: Seasonal and interannual variability of atmospheric heat sources and moisture sinks as determined from NCEP-NCAR reanalysis. *J. Climate*, **11**, 463–482.

Yang, S., P. J. Webster and M. Dong, 1992: Longitudinal heating gradient: Another possible factor influencing the intensity of the Asian summer monsoon circula-tion. *Advances in Atmospheric Sciences*, **9**, 397–410.

Yasunari, T., K. Saito, K. Takata, 2006: Relative roles of large-scale orography and land surface processes in the global hydroclimate. Part I: Impacts on monsoon systems and the tropics. *J. Hydrometeorology*, **7**, 626–641.

Zhang, N., T. Yasunari, and T. Ohta, 2011: Dynamics of the larch taiga-permafrost coupled system in Siberia under climate change. *Environmental Research Letters*, **6**, 024003.

第3章

浅井冨雄・新田尚・松野太郎，2000：『基礎気象学』朝倉書店，202pp.

植田宏昭，2012：『気候システム論——グローバルモンスーンから読み解く気候変動』筑波大学出版会，235pp.

蔵本由紀，2007：『非線形科学』集英社新書，248pp.

日本気象学会地球環境問題委員会編，2014：『地球温暖化——そのメカニズムと不確実性』朝倉書店，162pp.

安成哲三・柏谷健二編，1992：『地球環境変動とミランコヴィッチ・サイクル』古今書院，174pp.

山口昌哉, 1986：『カオスとフラクタル』（ブルーバックス）講談社, 197pp.

Abe, M., A. Kitoh and T. Yasunari, 2003: An evolution of the Asian summer monsoon associated with mountain uplift-simulation with the MRI atmosphere-ocean coupled GCM. *J. Meteorological Society of Japan*, **81**, 909-933.

Abe-Ouchi, A., F. Saito, K. Kawamura, M. E. Raymo, J. Okuno, K. Takahashi and H. Blatter, 2013: Insolation-driven 100,000-year glacial cycle and hysteresis of ice-sheet volume. *Nature*, **500**, 7461, 190-193.

Alley, R. B., 2000: The Younger Dryas cold interval as viewed from central Greenland. *Quaternary Science Reviews*, **19**, 213-226.

Bard, E., G. Raisbeck, F. Yiou and J. Jouzel, 2000: Solar irradiance during the last 1200 years based on cosmogenic nuclides, *Tellus B*, **52**: 3, 985-992.

Barnett, T. P., L. Dumenil, U. Schlese, E. Roeckner and M. Latif, 1989: The effect of Eurasian snow cover on regional and global climate variations. J. Atmospheric *Sciences*, **46**, 661-685.

Budyko, M. I., 1969: The effect of solar radiation variations on the climate of the Earth. *Tellus*, **21**, 611-619.

Cane, M. A. and S. E. Zebiak, 1985: A theory for El Niño and the southern oscillation. *Science*, **228**, 4703, 1085-1087.

Cane, M. A. and P. Molnar, 2001: Closing of the Indonesian seaway as aprecursor to east African aridification around 3±4 million years ago. *Nature*, **411**, 157-162.

Christensen, F. E., and K. Lassen, 1991: Length of the solar cycle: An indicator of solar activity closely associated with climate. *Science*, **254**, 698-700.

Deser, C., M. A. Alexander and M. S. Timlin, 2003: Understanding the persistence of sea surface temperature anomalies in midlatitudes. *J. Climate*, **16**, 57-72.

Frankignoul, C. and K. Hasselmann, 1977: Stochastic climate models, Part II. Application to sea-surface temperature anomalies and thermocline variability. *Tellus*, 289-305.

Gibbard, P. L., M. J. Head, M. J. C. Walker and the subcommission on quaternary stratigraphy, 2010: Formal ratification of the Quaternary System / Period and the Pleistocene Series / Epoch with a base at 2.58 Ma. J. Quaternary *Science*, **25**, 2, 96-102.

Gill, A. E., 1980: Some simple solutions for heat-induced tropical circulation. *Quarterly J. Royal Meteorological Society*, **106**, 447-462.

Hare, S. R. and N. J. Mantua, 2001: An historical narrative on the Pacific Decadal Oscillation, interdecadal climate variability and ecosystem impacts. Report of a talk presented at the 20th NE Pacific Pink and Chum workshop, Seattle, WA, 22 March 2001.

Hartmann, D. L., 1994: *Global Physical Climatology*, Academic Press, 408pp.

Hasselmann, K., 1976: Stochastic climate models Part I. Theory. *Tellus*, **28**, 473-485.

Held, I. S. and M. J. Suarez, 1974: Simple albedo feedback models of the icecaps. *Tellus*, **26**, 613-629.

Horel, J. D. and J.M. Wallace, 1981: Planetary-scale atmospheric phenomena associated with the Southern Oscillation. *Monthly Weather Review*, **109**, 813-829.

IPCC, 2007: Climate Change 2007: Synthesis Report. Contribution of Working Groups I, II and III to the Fourth Assessment Report of the Intergovernmental Panel on Climate Change.

IPCC, 2013: Climate Change 2013: The Physical Science Basis. Contribution of Work-
ing Group I to the Fifth Assessment Report of the Intergovernmental Panel on
Climate Change [Stocker, T. F., D. Qin, G.-K. Plattner, M. Tignor, S. K. Allen,
J. Boschung, A. Nauels, Y. Xia, V. Bex and P. M. Midgley (eds.)]. Cambridge
University Press, Cambridge, United Kingdom and New York, NY, USA, 1535 pp.

Jin, F. F., 1997: A theory of interdecadal climate variability of the north pacific
ocean-atmosphere system. *J. Climate*, **10**, 1821-1835.

Kodera, K., 2006: The role of dynamics in solar forcing. *Space Science Reviews*, DOI:
10.1007/s11214-006-9066-1.

Kodera, K. and K. Shibata, 2006: Solar influence on the tropical stratosphere and tro-
posphere in the northern summer. *Geophysical Research Letters*, **33**, L19704, doi:
10.1029/ 2006GL026659.

Kodera, K. and Y. Kuroda, 2002: Dynamical response to the solar cycle. *J. Geophysi-
cal Research*, **107**, D24, 4749, doi: 10.1029/2002JD002224.

Lisiecki, L. E. and M. Raymo, 2005: A Pliocene-Pleistocene stack of 57 globally dis-
tributed benthic D18O records. *Paleoceanography*, **20**, PA1003, DOI:
10.1029/2004PA001071.

Lorenz, E. N., 1963: Deterministic non-periodic flow. Journal of the Atmospheric *Sci-
ences*, **20**, 130-141.

Lorenz, E. N., 1968: Climatic determinism. Meteorological Monograph, 8, 30, 1-3.

Maarch, K. A. and B. Saltzman, 1990: A low-order dynamical model of global climatic
variability over the full pleistocene. *J. Geophysical Research*, **5**, D2, 1955-1963.

Madden, R. A. and P. R. Julian, 1971: Detection of a 40-50 day oscillation in the zonal
wind in the tropical Pacific. *J. Atmospheric Sciences*, **28**, 702-708.

Madden, R. A. and P. R. Julian, 1972: Description of global-scale circulation cells in
the tropics with a 40-50 day period. *J. Atmospheric Sciences*, **29**, 1109-1123.

Mantua, N. J., S. R. Hare, Y. Zhang, J. M. Wallace and R. C. Francis, 1997: A pacific
interdecadal climate oscillation with impacts on salmon production. Bulletin of
the *American Meteorological Society*, **78**, 1069-1079.

Marsh, N. and H. Svensmark, 2000: Cosmic rays, clouds, and climate. *Space Science
Reviews*, **94**, 215-230.

Maslin, M. A. and B. Christensen, 2007: Tectonics, orbital forcing, global climate
change, and human evolution in Africa: Introduction to the African paleoclimate
special volume. *J. Human Evolution*, **53**, 443-464.

Matsuno, T., 1966: Quasi-geostrophic motions in the equatorial area. Journal of the
Meteorological *Society of Japan*, **44**, 25-43.

Meehl, G. A., 1987: The annual cycle and interannual variability in the tropical pacific
and Indian ocean regions. *Monthly Weather Review*, **115**, 27-50.

Milankovitch, M., 1941: *Kanon der Erdbestrahlung und seine Anwendung auf das
Eiszeitproblem* (R. Serbian Acad., 1941). (日本語訳：粕谷健二，山本淳之，大村
誠，福山 薫，安成哲三 訳，1992: ミランコヴィッチ 気候変動の天文学理論と氷
河時代，古今書院，526pp.).

Miyazaki, C. and T. Yasunari, 2008: Dominant interannual and decadal variability of
winter surface air temperature over Asia and the surrounding oceans. *J. Cli-
mate*, **21**, 1371-1386.

Muscheler, R., F. Joosb, J. Beer, S. A. Müller, M. Vonmoosc and I. Snowball, 2007:
Solar activity during the last 1000 yr inferred from radionuclide records. *Quater-

nary Science Reviews, **26**, 82–97.

Newman, M., G. P. COMPO, and M. A. Alexander, 2003: ENSO-forced variability of the pacific decadal oscillation. *J. Climate*, **16**, 3853–3857.

Nitta, T., 1987: Convective activities in the tropical western pacific and their impact on the northern hemisphere summer circulation. *J. Meteorological Society of Japan*, **65**, 373–390.

Oerlemans, J., 1980: Model experiments on the 100,000-yr glacial cycle. *Nature*, **287**, 430–432.

Philander, S. G., 1990: El Nino, La Nina, and the southern oscillation. Academic Press.

Pollard, D., 1982: A simple ice sheet model yields realistic 100 kyr glacial cycles. *Nature*, **296**, 334–338.

Rasmusson, E. M. and J. M. Wallace, 1983: Meteorological Aspects of the El Nino / Southern Oscillation. *Science*, **222**, 1195–1202.

Robock, A., C. M. Ammann, L. Oman, D. Shindell, S. Levis and G. Stenchikov, 2009: Did the Toba volcanic eruption of _74 ka B. P. produce widespread glaciation? *Journal of Geophysical Researcch*, **114**, D10107, doi: 10.1029/2008JD011652.

Rottman, G., 2006: Measurement of total and spectral solar irradiance. *Space Science Reviews*, **125**, 39–51.

Schopf, P. S. and M. J. Suarez, 1988: Vacillations in a coupled ocean - Atmosphere model. *J. Atmospheric Sciences*, **45**, 3, 549–566.

Sellers, W. D., 1969: A global climate model based on the energy balance of the earth-atmosphere system. *J. Applied Meteorology*, **8**, 392–400.

Svensmark, H. and E. Friis-Christensen, 1997: Variation of cosmic ray flux and global cloud coverage- a missing link in solar-climate relationships. *J. Atmospheric and Solar-Terrestrial Physics*, **59**, 1225–1232.

Ueda, H. , 2014: Climate System Study-Global monsoon perspective. Univ. of Tsukuba Press, 264pp.

Verneker, A. D., J. Zhou and J. Shukla 1995: The effect of Eurasioan snow cover on the Indian monsoon. *J. Climate*, **8**, 248–266.

Walker, G. T., 1924: Correlations in seasonal variations of weather. I. A further study of world weather. *Memoirs of Indian Meteorological Department*, **24**, 275–332.

Walker, G. T., 1923: Correlation in seasonal variations of weather, VIII: A preliminary study of world weather. *Memoirs of the Indian Meteorological Department*, **24**, 75–131.

Walker, G. T. and E.W. Bliss, 1932: World weather V. *Memoirs of the Royal Meteorological Society*, **4**, 53–84.

Wallace, J. M. and D.S. Gutzler, 1981: Teleconnections in the geopotential height field during the northern hemisphere winter. *Monthly Weather Review*, **109**, 784–812.

Walker, James C. G. , P. B. Hays and J. F. Kasting, 1981: A negative feedback mechanism for the long-term stabilization of Earth's surface temperature. J. Geophysical Research, 86, C10, 9776–9782.

Watanabe, M., H. Shiogama, H. Tatebe, M. Hayashi, M. Ishii and M. Kimoto, 2014: Contribution of natural decadal variability to global warming acceleration and hiatus. *Nature Climate Change*, **4**, 893–897.

Yasunari, T., 1979: Cloudiness fluctuations associated with the northern hemisphere summer monsoon. *J. Meteorological Society of Japan*, **57**, 3, 227–242.

Yasunari, T., 1980: A quasi-stationary appearance of 30 to 40 day period in the cloudiness fluctuations during the summer monsoon over India. *J. Meteorological Society of Japan*, **58**, 3, 225–229.

Yasunari, T., 1981: Structure of an Indian summer monsoon system with around 40-day period. *J. Meteorological Society of Japan*, **59**, 3, 336–354.

Yasunari, T., 1990: Impact of Indian monsoon on the coupled atmosphere / ocean system in the tropical pacific. *Meteorology and Atmospheric Physics*, **44**, 29–41.

Yasunari, T., 1991: The monsoon year - A new concept of the climatic year in the tropics. *Bulletin American Meteorological Society*, **72**, 9, 1331–1338.

Yasunari, T., A. Kitoh and T. Tokioka, 1991: Local and remote responses to excessive snow mass over Eurasia appearing in the northern spring and summer climate - a study with the MRI・GCM -. *J. Meteorological Society of Japan*, **69**, 4, 473–487.

Yasunari, T. and Y. Seki, 1992: Role of the Asian monsoon on the interannual variability of the global climate system. *J. Meteorological Society of Japan*, **70**, 1, 177–189.

第 4 章

阿部　豊, 2004：「3. 地球惑星システムの誕生」, 東京大学地球惑星システム科学講座編『進化する地球惑星システム』東京大学出版会, 30–49.

阿部　豊（阿部彩子解説）, 2015：『生命の星の条件を探る』文藝春秋, 238pp.

アンデル, T. H. V.（卯田　強訳）, 1987：『さまよえる大陸と海の系譜——これからの地球観』築地書館, 326pp.

ウォード, ピーター／ジョゼフ・カーシュヴィンク（梶山あゆみ訳）, 2016：『生物はなぜ誕生したのか：生命の起源と進化の最新科学』河出書房新社, 448pp.

川上紳一, 2000：『生命と地球の共進化』（NHK ブックス 888）日本放送出版協会, 267pp.

平　朝彦, 2001：『地球のダイナミックス』（地質学 1）, 岩波書店, 296pp.

田近英一, 2009：『地球環境 46 億年の大変動史』化学同人, 226pp.

田近英一, 2011：『大気の進化 46 億年——酸素と二酸化炭素の不思議な関係』技術評論社. 231pp.

東京大学地球惑星システム科学講座編, 2004：『進化する地球惑星システム』東京大学出版会, 236pp.

ヘイゼン, ロバート（円城寺守監訳, 渡会圭子訳）, 2014：『地球進化 46 億年の物語』（ブルーバックス）講談社.

松本　良・浦部徹郎・田近英一, 2007：『惑星地球の進化』（放送大学教材）放送大学教育振興会, 254pp.

丸山茂徳・磯崎行雄, 1998：『生命と地球の歴史』岩波新書, 282pp.

安成哲三, 2013：「ヒマラヤの上昇と人類の進化——第三紀末から第四紀におけるテクトニクス・気候生態系・人類進化をめぐって」ヒマラヤ学誌, 14, 19–38.

Alvarez *et al.*, 1980: Extraterrestrial cause for the cretaceous-tertiary extinction. Experimental results and theoretical interpretation. *Science*, **208**, 1095–1108.

Barron, E. J., P. J. Fawcett, W. H. Peterson, D. Pollard and S. L. Thompson, 1995: A "simulation" of mid-cretaceous climate. *Paleoceanography*, **10**, 5, 953–962.

Berner, R. A., 2006: GEOCARBSULF: A combined model for Phanerozoic atmospheric O_2 and CO_2. *Geochimica et Cosmochimica Acta*, **70**, 5653–5664.

Bartley, J. K and L. C. Kah: 2004, Marine carbon reservoir, Corg-Ccarb coupling, and the evolution of the Proterozoic carbon cycle. *Geology*, **32**, 129–132.

Chandler, M. A. and L. E. Sohl, 2000: Climate forcings and the initiation of low-latitude ice sheets during the Neoproterozoic Varanger glacial interval. *J. Geophysical Research*, **105**, 20737–20750.

Crowley, T. J., W. T. Hyde and W. R. Peltier, 2001: CO_2 levels required for deglaciation of a "Near-Snowball" Earth. *J. Geophysical Research*, **28**, 283–286.

Fischer, A. G., 1982: Chap.9. Long-term climatic oscillations recorded in stratigraphy. In Climate in Earth History, The National Academies Press Studies in Geophysics.

Gehler et al., 2016: Temperature and atmospheric CO_2 concentration estimates through the PETM using triple oxygen isotope analysis of mammalian bioapatite. *PNAS*, **113**, 28, 7739–7744.

Gutjahr, et al., 2017: Very large release of mostly volcanic carbon during the Palaeocene-Eocene Thermal Maximum. Nature, 548, 573–577.

Hamano, K., Y. Abe and H. Genda, 2013: Emergence of two types of terrestrial planet on solidification of magma ocean. *Nature*, **497**, 607–610.

Hoffman, P. F., A. J. Kaufman, G. P. Halverson and D. P. Schrag, 1998: A neoproterozoic snowball Earth. *Science*, **281**, 1342–1346.

Hyde, W. T., T. J. Crowley, S. K. Baum and W. R. Peltier, 2000: Neoproterozoic snowball Earth'simulations with a coupled climate/ice-sheet model. *Nature*, **405**, 425–429.

Kaufman, A. J., 1997: An ice age in the tropics. *Nature*, **386**, 227–228.

Kirschvink, J. L., R.L. Ripperdan and D.A. Evans, 1997: Evidence for a large-scale reorganization of early cambrian continental masses by inertial interchange true polar wander. *Science*, **277**, 541–545.

Kirschvink, J. L., E. J. Gaidos, L. E. Bertani, N. J. Beukes, J. Gutzmer, L. N. Maepa and R. E. Steinberger, 2000: Paleoproterozoic snowball Earth: Extreme climatic and geochemical global change and its biological consequences. PNAS, 97, 1400–1405.

Lisiecki, L. E. and M. E. Raymo, 2005: A Pliocene-Pleistocene stack of 57 globally distributed benthic δ 18O records. *Paleoceanography*, **20**, 1003.

Littler, K., S. A. Robinson, P. R. Bown, A. J. Nederbragt and R. D. Pancost, 2011: High sea-surface temperatures during the Early Cretaceous Epoch. *Nature Geoscience*, **4**, 169–172.

Maslin, M. and B. Christensen, 2007: Tectonics, orbital forcing, global climate change, and human evolution in Africa: introduction to the African paleoclimate special volume. *Journal of Human Evolution*, **53**, 443–464.

Molnar, P., P. England and J. Martinod 1993: Mantle dynamics, uplift of the Tibetan Plateau and the Indian Monsoon. *Review of Geophysics*, **31**, 357–396.

Pierrehumbert, R. T., 2004: High levels of atmospheric carbon dioxide necessary for the termination of global glaciation. *Nature*, **429**, 646–649.

Pierrehumbert, R. T., 2005: Climate dynamics of a hard snowball Earth. *J. Geophysi-*

cal Research, **110**, D01111, doi: 10.1029/2004JD005162.

Pollard, D. and J. F. Kasting, 2005: Snowball Earth: A thin-ice solution with flowing sea glaciers. *J. Geophysical Research*, **110**, C07010, doi: 10.1029/2004JC002525.

Raymo, M. E. and W.F. Ruddiman, 1992: Tectonic forcing of late Cenozoic climate. *Nature*, **359**, 117–122.

Schwartzman, D. W. and T. Volk, 1989: Biotic enhancement of weathering and the habitability of Earth. *Nature*, **340**, 457–460.

Tajika, E., 2003: Faint young Sun and the carbon cycle: implication for the Proterozoic global glaciations. *Earth and Planetary Science Letters*, **214**, 443–453.

Tajika, E., 2007: Long-term stability of climate and global glaciations throughout the evolution of the Earth. *Earth Planets Space*, **59**, 293–299.

Van Andel, T. H. 1985: New Views on an Old Planet. Cambridge Univ. press.

Yasunari, T. , 2019: The Uplift of the Himalaya-Tibetan Plateau and Human Evolution: An Overview on the Connection Among the Tectonics, Eco-Climate System and Human Evolution During the Neogene Through the Quaternary Period, Himalayan Weather and Climate and their Impact on the Environment, A. P. Dimri, B. Bookhagen, M. Stoffel, T. Yasunari, Eds. , Springer, p281–305.

Zachos, J. C., G. R. Dickens and R. E. Zeebe, 2008: An early Cenozoic perspective on greenhouse warming and carbon-cycle dynamics. *Nature*, **451**, 279–283.

第 5 章

横畠德太, 2014: 水蒸気の温室効果. 温暖化の科学. 国立環境研究所地球環境研究センター HP. http://www.cger.nies.go.jp/ja/library/qa/11/11-2/qa_11-2-j.html.

Archer, D., and A. Ganopolski, 2005: A movable trigger: Fossil fuel CO_2 and the onset of the next glaciation. *Geochem. Geophys., Geosyst.*, **6**, Q05003.

Cochelin, A.-S. B., L. A. Mysak, and Z. Wang, 2006: Simulation of long-term future climate changes with the green McGill paleoclimate model: The next glacial inception. *Climatic Change*, **79**, 381–401.

Crutzen, P. J., 2002: The Anthropocene. Geology of mankind. Nature 415, 23.

Franck, S., C. Bounama and W. vonBloh, 2006: Causes and timing of future biosphere extinctions. *Biogeosciences*, **3**, 85–92.

Fujibe, F., N. Yamazaki, M. Katsuyama and K. Kobayashi, 2005: The increasing trend of intense precipitation in Japan based on four-hourly data for a hundred years. *SOLA*, **1**, 41–44.

Grootes, P. M., M. Stuives, J. W. C. White, S. Johnsen & and J. Jouzel, 1993: *Nature*, **366**, 552–554.

Gutjahr *et al.*, 2017: Very large release of mostly volcanic carbon during the Palaeocene-Eocene Thermal Maximum. *Nature*, **548**, 573–577 (31 August 2017) doi: 10.1038/nature23646.

Houghton, J. T., J. T., L.G. Meira Filho, B. A. Callander, N. Harris, A. Kattenberg and K. Maskell edi., *Climate Change 1995. The Science of Climate Change. Contribution of WGI to the Second Assessment Report of the Intergovernmental Panel on Climate Change*. Cambridge University Press, Cambridge, United Kingdom and New York, NY, USA, 572pp.

IPCC, 2001: Climate Change 2001: The Scientific Basis. Contribution of Working

Group I to the Third Assessment Report of the Intergovernmental Panel on Climate Change [Houghton, J. T., Y. Ding, D. J. Griggs, M. Noguer, P. J. van der Linden, X. Dai, K. Maskell, and C. A. Johnson (eds.)]. Cambridge University Press, Cambridge, United Kingdom and New York, NY, USA, 881pp.

IPCC, 2007: Climate Change 2007: The Physical Science Basis. Contribution of Working Group I to the Fourth Assessment Report of the Intergovernmental Panel on Climate Change [Solomon, S., D. Qin, M. Manning, Z. Chen, M. Marquis, K.B. Averyt, Tignor, M. and H.L. Miller (eds.)]. Cambridge University Press, Cambridge, United Kingdom and New York, NY, USA, 996 pp.

IPCC, 2013: Climate Change 2013: The Physical Science Basis. Contribution of Working Group I to the Fifth Assessment Report of the Intergovernmental Panel on Climate Change [Stocker, T. F., D. Qin, G.-K. Plattner, M. Tignor, S. K. Allen, J. Boschung, A. Nauels, Y. Xia, V. Bex and P. M. Midgley (eds.)]. Cambridge University Press, Cambridge, United Kingdom and New York, NY, USA, 1535 pp.

IPCC, 2021: Summary for Policymakers. In: Climate Change 2021: The Physical Science Basis. Contribution of Working Group I to the Sixth Assessment Report of the Intergovernmental Panel on Climate Change [Masson-Delmotte, V., P. Zhai, A. Pirani, S. L. Connors, C. Péan, S. Berger, N. Caud, Y. Chen, L. Goldfarb, M. I. Gomis, M. Huang, K. Leitzell, E. Lonnoy, J. B. R. Matthews, T. K. Maycock, T. Waterfield, O. Yelekçi, R. Yu and B. Zhou (eds.)]. Cambridge University Press.

Lau, K. M., M. K. Kim and K. M. Kim, 2006: Asian summer monsoon anomalies induced by aerosol direct forcing: the role of the Tibetan Plateau. *Climate Dynamics*, **26**: 855–864. DOI 10.1007/s00382-006-0114-z.

Le Quere. C. *et al.*, 2016: Global Carbon Budget 2016. *Earth Syst. Sci. Data*, **8**, 605–649, 2016.

Loutre, M. F., and A. Berger, 2000: Future climatic changes: are we entering an exceptionally long interglacial? *Climatic Change*, **46**, 61–90.

Lovelock, J. E. and A.J. Watson, 1982: The regulation of carbon dioxide and climate: GAIA or geochemistry. *Planet. Space Sci.*, **30**, 795–802.

Meissner and Bralower, 2017: Volcanism caused ancient global warming. *Nature*, **548**, 531–532.

Oppenheimer, S. 2004: *Out of Eden: the peopling of the world, 2nd edn. London*, UK: Constable.

Ramankutty, N. and J. Foley, 1999: Estimating historical changes in global land cover: Croplands from 1700 to 1992. *Global Biogeochemical cycles*, **13**, 997–1027.

Ramanathan, V., C. Chung, D. Kim, T. Bettge, L. Buja, J. T. Kiehl, W. M. Washington, Q. Fu, D. R. Sikka, and M. Wild, 2005: Atmospheric brown clouds: Impacts on South Asian climate and hydrological cycle. *Proc. Nat. Acad. Sci. of USA*, **102**, 5326–5333.

Ribas, I. 2010: "The Sun and stars as the primary energy input in planetary atmospheres", Solar and Stellar Variability: Impact on Earth and Planets, Proceedings of the International Astronomical Union, *IAU Symposium*, **264**, pp. 3–18.

Rockström, J., et al. (2009), A safe operating space for humanity, *Nature*, **461**, 472–475, doi: 10.1038/461472a.

Ruddiman, W. F., 2005: How did humans first alter global climate? *Scientific Ameri-*

can, March 2005, 46–53.

Santer, B. D., B. D., C. Mears, F. J. Wentz, K. E. Taylor, P. J. Gleckler, T. M. L. Wigley, T. P. Barnett, J. S. Boyle, W. Bruggemann, N. P. Gillett, S. A. Klein, G. A. Meehl, T. Nozawa, D. W. Pierce, P. A. Stott, W. M. Washington, and M. F. Wehner 2007: Identification of human-induced changes in atmospheric moisture content. *Proceedings of the National Academy of Sciences* (*PNAS*), **104**, 15248–15253.

Steffen, W, Jacques Grinevald, Paul Crutzen and John McNeill, 2011: The Anthropocene: conceptual and historial perspective. *Phil. Trans. R. Soc.* **A 2011369**, 842–867.

Takata, K. and K. Saitoh and T. Yasunari, 2009: Changes in the Asian monsoon climate during 1700–1850 induced by preindustrial cultivation. *Prcoc. Nat. Acad. Sci.*, USA. www. pnas.org_cgi_doi_10.1073_pnas.0807346106.

van Vuuren, D.P. *et al*. 2011: The representative concentration pathways: an overview. *Climatic Change*, **109**, 5–31.

Ward, P, 2009: The Medea Hypothesis: Is Life on Earth Ultimately Self-Destructive? （ピーター・D・ウォード，2010：地球生命は自滅するのか？　青土社　273pp).

Zhang, N.N., T. Yasunari and T. Ohta, 2010: Dynamics of the Taiga-Permafrost Coupled system in Siberia under climate change. Submitted to *Environ. Res. Lett.*

后　记

　　地球的气候系统会因为时间尺度的不同在不同机制上发生变动和变化，在本书中，我从这个角度出发，对地球气候的变迁做了一个概述。与气候的变动和变化有关的因素，有与太阳的进化相关的太阳辐射变化、由固体地球的动力引起的板块构造引起海陆分布的变化以及造山运动和火山活动，还有与地球生物圈相互作用的大气成分和物质循环的变化，这些都至少是 1000 万年尺度以上的长期变化，都与气候的变动和变化密切相关。地球被认为是太阳系中唯一一个存在着生命圈（到目前为止）的行星。令人感兴趣的是，最近的研究（阿部，2015）指出，存在生命圈的必要条件是水、板块构造和大陆的存在，这是非常重要的。构成大陆地壳的主要岩石是花岗岩，而花岗岩产生的过程中水是不可缺少的，这在本书已经作了介绍。似乎可以这样说，这个时间尺度上的地球气候的"进化"应该被理解为，在逐渐变强的太阳光和有水的条件下，固体地球的动力和生命圈不可分割地"共同进化"。

　　本书也介绍了在以冰期循环为代表的 1 万～100 万年时间尺度的气候变动和变化中，地球轨道这一要素的变动则起着起搏器的作用，包括了冰雪圈与深层水循环的大气和海洋系统之间的相互作用发挥着重要作用。在这个时间尺度上，生命圈也不仅仅是被动地受气候的影响，而是通过大陆尺度的森林和海洋生态系统的碳循环，对气候变化发挥着积极的作用。

　　书中也叙述了在年际变化至 1000 年时间尺度以下气候变动中，海陆分布、地形和大气成分等作为边界条件，在大气、海洋表面和陆地表面之间的相互作用的变动中起着主要作用。当然，这个时间尺度上的太阳活动的变动也可能参与其中，但太阳能量的相对较小的变动如何在气候系统中增幅的这个过程更加需要被了解。人类活动对气候的影响正是作用于这个时间尺度的气候系统。大约 1 万年的全新世期间几乎保持不变的二氧化碳等温室气体的浓度，自 18 世纪工业革命以来的人类活动造成了二氧化碳等的增加，这使得气候正在发生改变，这就是当前的"全球变暖"问题。特别是 20 世纪下半叶以来迅速扩张的全球经济活动，不仅极大地改变了大气环境，而且也改变了构成地球表面的元素，如物质循环和生态系统，并正在招致"地球的极限"。(Rockstrom et al., 2009; Steffen et al., 2015)。在这种情况下，气候系统的状态有可能会超过（见第 3 章）引起激变的阈值（tipping points），但不幸的是，目前即使最先进的气候模型也还无法预测这种"突然的变化"。

你可能记得一部名为《后天》(*The Day After Tomorrow*) 的电影。在这部科幻电影中，全球变暖引发了南极冰架的崩塌，使地球陷入冰河时代。许多气候专家对这部电影一笑置之，认为它搞错了气候和气象现象的时间尺度，是一个不靠谱的故事。然而，在过去的地球气候的变动和变化中，曾经发生过几次突变（见第 4 章），而且，在非线性气候系统中，气候跳跃（突然改变状态的变化）也是可能发生的（见第 3 章）。地球气候的研究仍有许多未解决的问题，无论是基于观测和调查的数据研究，还是基于理论的气候模型的研究。

然而，要进一步理解地球气候和其变动、变化以及进化，需要跨学科的整合，包括各种地球科学学科以及生物科学，如生态学和进化学。此外，在考虑地球气候的未来时，并不是单纯的预测，我们不可避免地要面对对于人类来说地球应该是什么的哲学命题。在第 5 章的末尾，我们介绍了一项研究，该研究表明生命圈最多再维持存在 5 亿年，但这个研究只考虑了作为恒星的太阳进化过程和固体地球的动力。根据人类活动的情况，生命圈的寿命可能会因为生命圈本身造成的自体毒害效应（美狄亚效应）而一下子缩短（见第 4 章和第 5 章）。

从人类起源到现在最多只有 250 万年。在许多物种以一亿年尺度存在的地球上，如果人类由于自己造成的后果而在 100 年或 1000 年内灭亡的话，我们必须说，人类确实是一个非常愚蠢的物种。另外，人类又是唯一一个理解宇宙、地球和生命走到今天的物种。这种"科学"的智慧应该用于包括人类在内的整个地球生命圈面向未来的发展，事实上，将这种智慧与实践相结合的能力或许才是人类存在的理由吧？

这本书从执笔到完成，实际上花了十多年的岁月。市场上有许多关于气象学的教科书，笔者想从地球的视野写一本新的气候学教科书，但由于各种繁多的事情，加上自己的懒惰，所以花了这么长时间。在此期间，地球气候的研究日新月异地在进步，每当此时，都必须重写内容，看到新的进步感觉很有趣，更新自己的写作内容却是相当艰巨的任务。但是，无论如何还是设法把各种内容总括在一起完成了这本书，这要感谢东京大学出版社的岸纯青先生，他一直在耐心等待我，并不断地给我鼓励。我要再次对他的厚意和努力表示衷心的感谢。还要特别感谢名古屋大学的金森大成博士帮我完成了一部分的图，感谢综合地球环境学研究所的有田惠女士在整理手稿方面的帮助。

　　本书是基于我在筑波大学、名古屋大学、综合地球环境学研究所以及其他许多我曾担任过职务的大学和研究机构的讲座和演讲的内容。我希望把这本书献给我的妻子登纪子，感谢她40多年来对我的研究和教学活动的支持。

彩　　插

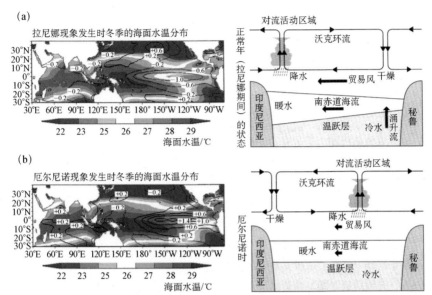

插图 1　（a）拉尼娜期间（平常强化状态）的北半球冬季海面水温分布（左）和大气海洋系统的状态模式图（右），海面水温分布由实测值和平均年的偏差值表示（日本气象厅）；（b）同样的图但在厄尔尼诺期间（同图 3-18）

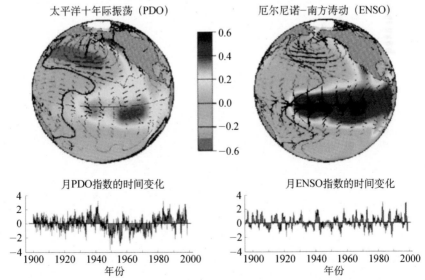

插图 2　太平洋十年际振荡（PDO）和厄尔尼诺-南方涛动（ENSO）的空间模式（上）和时间变化（下）（Mantua et al.，1997；同图 3-23）

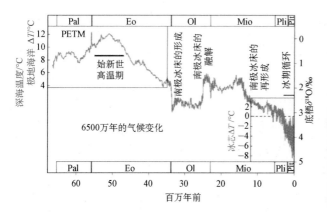

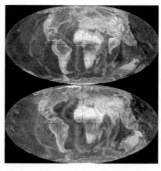

插图3　新生代（6500万年前至现在）的全球平均气温变化（Zachos et al.，2008）（http://www.newworldencyclopedia.org/entry/Paleogene）（同图4-17）

注：Pal：古新世，Eo：始新世，Ol：渐新世，Mio：中新世，Pli：上新世，Plt：更新世

插图4　始新世（上）和中新世（下）的海陆分布和植被分布（http://www.geologypage.com/2014/05/neogene-period.html，http://www.geologypage.com/2014/04/paleogene-period.html）（同图4-18）

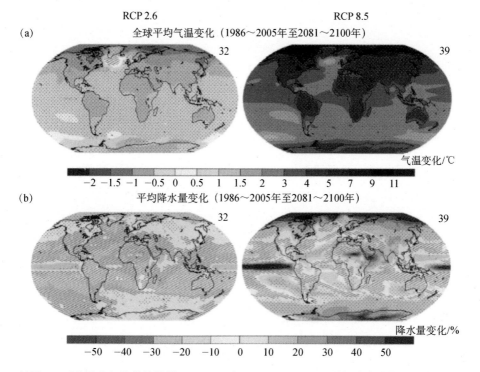

插图5　两种温室气体排放情景（RCP2.6和RCP8.5）下，21世纪末全球气温和降水量变化的预测（IPCC，2013；同图5-21）